不要在碰壁的时候才想到努力，

不要在没有退路的时候才做出改变，

你不该被动地前行，

不要过随波逐流的生活，

人生始终是你自己的，

你要好好走，

尽自己所能朝自己喜欢的方向，

走得越来越远。

CONTENTS

Part 1
你无数次想过要放弃，但还是坚持走到了这里

你无数次想过要放弃，但还是坚持走到了这里 009；每天改变一点点，就能成为不一样的自己 016；你想逃避的现实，最后都会绊倒你 021；请记住我，记住本身也是一种爱 026；青春太短，你该脚踏实地而不是虚度时光 032；你自己都无趣，生活又怎么会有意思？ 038

Part 2
你怎么过一天，就怎么过一生

你怎么过一天，就怎么过一生 045；你是那一批，提前老去的年轻人吗 052；千万别等到没有退路时，才想到改变 058；你的心态，决定了你的生活质量 064；比你优秀的人数不胜数，拼搏的路上做自己就好 068；所有为偷懒找过的借口，都将成为未来路上的绊脚石 073

目·录
CONTENTS

Part 3
年轻时，你凭什么穷得理直气壮？

成人的世界里，从来没有"容易"二字　081；别人比你厉害，是因为别人比你更努力　087；你用尽力气去努力的时候，运气最好　093；年轻时选择安逸，到老就只能吃更多的苦　100；二十几岁时，你活成了什么样？　107；年轻时，你凭什么穷得理直气壮　112

Part 4
你只是担心所有人都过得比你好

抱歉，你已经过了耍赖偷懒的年纪　121；比聊天更重要的是，你选择的聊天对象　127；对不起，我只能短暂地陪你一辈子　133；你不是害怕聚会，只是担心所有人都过得比你好　140；你讨厌的不是过年，而是那个不够好的自己　146；年味，就是陪着家人一起做温暖的事　152；你不管走多远，都忘不掉家的味道　157

Part 5
拼尽全力后，失败才是你的宝贵经历

从此，拒绝做一个善良的老好人 165；当煎饼大妈月入三万时，你在干什么？ 171；你利用时间的方式，决定你成为怎样的人 176；别让你的假期模式，毁了你的正常生活 182；拼尽全力后，失败才是你的宝贵经历 187；你还站在原地茫然，别人已经弯道超越 192；我不害怕死亡，我只怕绝望地活着 196

Part6
你所期待的一切，都要用努力换取

你所期待的一切，都要用努力换取 205；别贪图便宜，也别相信不劳而获 211；你连普通工作都做不好，还想过不普通的生活？ 217；挣扎在三流社会的我们，依旧做着一流世界的梦 222；我也曾在深夜，一个人流着泪吃饭 228；只要坚持走下去，前方一定会有出路 236；即使活的艰难匆忙，也要抬头看看天空 240；

后序
给未来的自己 /245

你无数次想过要放弃，
但还是坚持走到了这里

或许你努力坚持下去也不一定就能得到自己渴望的一切，但你坚持过、全力以赴过就不会轻易后悔。

毕竟，坚持也是梦想的一部分，我们披荆斩棘走到今天，也是努力的意义。

Part 1

你 无 数 次 想 过 要 放 弃 ，
但还是坚持走到了这里

01

有一位考研的读者从七月开始便频繁地在微博给我留言，他的状态时好时坏，时而迷惘，时而热血，字里行间都流露着他对未来的向往以及对当下的不满。

"夏至，我打算考研是因为我大学本科院校一般，我想考一所 985 高校！"

"我不喜欢现在的生活，我要做出改变，努力考上研究生！"

"还有 3 个多月就要考试了，我有些紧张了。"

"……"

最近他给我发来这么一条私信："现在离考研只有短短十几天了，可我感觉自己还没复习好，准备也不够充分，今天下午我做了几套模拟题，感觉很不好……我好害怕自己会失败。说真的，我有点想放弃了，你说我该怎么办？"

他的这番话让我想起了高考前的自己，那时的我也是这般忐忑不安，紧张迷惘，想要努力却又觉得无法改变什么。高考迫在眉睫，面对考得一次比一次差的模拟考成绩，我甚至有过想要放弃的念头。

不过，哪怕心里无数次想过要放弃，但我却从未真的放弃过一次，我努力坚持到了最后，顺利毕业，度过了高考，从而活成了今天的模样。

于是，我回复他："每当你想要放弃的时候，你就认真地问问自己到底是因为什么才走到了今天。放弃的念头并不可怕，真正可怕的是你并不懂得自己坚持的意义。"

那位读者过了好久才回复我："夏至，我想通了，我之前只不过一时冲动罢了，我坚持了那么久才走到今天，可不想半途而废。接下去的日子我会继续全力以赴的，请祝福我吧！"

我把自己最真诚的祝福送给他："那么，祝你的努力终有回报！"

02

如果说高考是千军万马过独木桥，那么考研更像是一个人的战斗。在那个没有硝烟的战场上，你既是指挥的将军，也是打仗的士兵。

考研是一个人艰辛苦闷的探索与成长的过程，你有时会感到寂寞、孤独，绝望到想哭，身边却没有人可以诉苦；你有时会感到无助心酸，就好像处在黑暗之中，看不到一丝的光亮。

很多人当初下定决心考研时，总是信誓旦旦要考上一所自己理想中的高校，可随着时间的推移，那些最初决定考研却在中途放弃的人越来越多。

有些人是因为找到了一份不错的工作，有些人是改变主意转而去考公务员，还有一些人则是因为自己实在坚持不下去了。

小锡放弃考研后，整个人轻松了好多，他叹着气和我说："我实在是受不了了，考研太痛苦太折磨人了，我没有动力坚持下去，只能选择放弃了。"

而另一位朋友陈宁却一直坚持到了最后。起初她的学习成绩并不是很好，英语和数学都比较薄弱，她为此头疼了很久。后来她告诉我，她也曾无数次想过要放弃，但每一次都只是想想，想完之后她就继续埋头复习，拼命地看书做题。

陈宁因为考研改变了许多，她由一个拖延懒散、不爱学习的女孩变成了一个勤奋积极、坚持上进的女战士。

她清晨五点半就起床在宿舍阳台背书，图书馆一开门她便进去占座学习，平时热衷于玩手机的她彻底戒掉了一切社交和娱乐活动，一心一意复习考研，看书时她将手机调成静音，没有特殊情况绝不上网。

为了考研她起早贪黑的学习。在室友都已酣然入梦的深夜，她依旧挑灯夜战，争分夺秒地在书山上攀爬，在题海里遨游……

后来她成功考上了一所重点大学的研究生，总算是没有辜负自己的努力。

她在谈起这段往事的时候说："现在想来，考研就像是一场漫长的修行。我曾感受过孤独、无助，失望过也挣扎过，曾无数次想过要放弃，但所幸我还是坚持到了最后，今天的我要感谢那个独自在自习室复习到

深夜的自己，那挥汗流泪的三百多个日日夜夜没有白费，因为坚持，它
们才有了最美好的意义。"

03

前一阵子和林翔聊天，他来北京已经两年多了，回想起最初北漂的
那段经历，他依旧心有余悸。

林翔在北京的生活并不是一帆风顺的。他曾经住在最简陋的地下室，
夏天没有空调，冬天没有暖气，离公司还特别远，他要一大早起来赶公交、
挤地铁。他工作繁忙，任务极重，但收入却微薄，但为了生存也没有办法，
只好咬牙努力工作。

在最艰难的时候，他钱包里只有几十块钱。舍不得吃外卖，也舍不
得坐出租车，一日三餐都吃馒头，连吃桶装方便面都觉得奢侈。

我问他："在这么苦的条件下，你就没有想过要放弃吗？"

他说："怎么可能没想过放弃？那时候几乎每天都在想，但我没有
一次真的放弃。因为我不想那么轻易就输给现实，也不想那么快就向生
活妥协，我还有很多要实现的梦想，所以我不能放弃，必须坚持到底。"

如今林翔搬离了地下室，还有了一份新工作，虽然他离自己的梦想
还非常遥远，但他一直坚持努力，从未退缩。

04

想起我最初写作的时候，身边没有多少人理解和支持我，我在网上发表了很多文章，读者却寥寥无几。

在那段无人问津的日子里，我的生活糟糕透了，因为无人赏识我变得沮丧又失落，甚至开始怀疑自己，觉得写作这条路实在太漫长太艰辛了，为此我曾无数次想过要放弃。

可每当想要放弃的时候，我都会一遍又一遍地在心里问自己："你甘心就这样放弃吗？你愿意这样半途而废吗？你难道不想实现自己的梦想吗？"

然后我听到了自己坚定的心声："我不愿意放弃，我依旧热爱写作，依旧期待梦想成真的那一刻！"

于是，我咬紧牙关，鼓起勇气，继续坚持了下去。慢慢地，开始有越来越多的读者关注我，而我也陆陆续续收到了很多编辑的合作邀请，并顺利出版了几本属于自己的书。

有很多热爱文学的读者曾向我请教写作的方法，我总是这样回复他们："如果你真的热爱它，那就请你坚持下去，并全力以赴，剩下的一切，请交给时间。"

或许我们都曾在最艰难的关口挣扎过、徘徊过，也都曾为了心中的梦想挥汗流泪。遇到挫折和打击，一度觉得自己再也走不下去时，会有想要放弃的念头。

可是，尽管我们无数次想过要放弃，但最后还是咬住牙关，握紧拳头，

重振旗鼓,迎难而上,一直坚持走到了今天。

　　或许你努力坚持下去也不一定就能得到自己渴望的一切,但你坚持过、全力以赴过就不会轻易后悔。

　　毕竟,坚持也是梦想的一部分,我们披荆斩棘走到今天,也是努力的意义。

我们的努力应该落到日常的每一天里，而不是仅仅在最糟糕无助的日子里努力挣扎。

每 天 改 变 一 点 点，
就能成为不一样的自己

01

在网上看到一个帖子，帖子里面的主人公桑尼因为不满足于当下的生活，便下定决心通过行动来改变自己。她在网上记录了自己长达一年的经历，感动了很多人。

桑尼最初只是一个慵懒散漫的白领，后来她坚持早起和健身，并给自己制定了一系列提升自己能力的计划，并努力学习和工作。坚持了一年后，她成功蜕变成了自己想要的模样，变得又瘦又美，还换了一份待遇不错的新工作，生活过得美妙有趣，充满阳光。

很多人都在评论里称赞她，夸她有勇气、耐心与毅力，能够坚持一年时间去改变生活，她回复大家说："其实我没有你们想象中那么厉害，我不过是每天改变一点点，每天进步一点点罢了。只要能够坚持下去，你们也可以变成不一样的自己。"

我将这条励志的帖子转发给了朋友小蜜，她同样不满足当下的生活，觉得工作乏味枯燥，日子单调无聊，渴望改变生活却又不知从何做起。

我鼓励她："帖子里的那个姑娘之前也是一个平凡普通的人，和你一样想要改变生活，她可以做到，我相信你也可以做到！"

小蜜看到那则帖子大受鼓舞，就像真的看到了那个在未来闪闪发光的自己一样，于是激动地和我说："我决定了，我也要做出改变，每天都进步一点点，努力坚持下去，直到我成为一个更优秀更美好的自己！"

她一副信誓旦旦的模样，好像光明的前方就在不远处等着她，一扇崭新耀眼的大门正在等待她开启。

02

小蜜做了一系列计划：她决定每天早睡早起，抽出一个小时的时间去健身房运动，每周至少要看一本书和一部电影，并且要学习一门外语。

在最初的一个月里，小蜜每天都会在朋友圈里打卡。六点早起打卡一次，十点半睡觉打卡一次，到健身房跑步、看书看电影和自学日语也通通打卡，总之，从朋友圈里看，她的生活规律了不少，并且充满积极向上的动力，有一股满满的正能量。

很多朋友看到她打卡的朋友圈，都评论说她真厉害，做到了自律，生活过得越来越好，我也以为她能够一直这样热血积极地坚持下去，可是她到了第二个月就有些懈怠了，计划中的事情她都没能做到。

小蜜为此还找了一大堆冠冕堂皇的借口，她说早起会影响睡眠质量，运动过度就会全身难受，看书看电影没能让她有所收获，而自学外语实在是非常困难。

她只坚持了三十多天，就渐渐厌倦了自律的生活，找了一大堆借口安慰自己，慢慢放弃了之前的一系列计划，又恢复了原先慵懒散漫的生活。

我劝她坚持下去，可她却理直气壮地和我说："我并不觉得自己坚持下去能够改变什么，你看我坚持了一个月，不也什么变化都没有吗？"

我反驳她道："可是你不坚持到底怎么知道自己不能改变生活呢？别人也是坚持了一年的时间，才蜕变成自己想要的模样啊。"

小蜜摇了摇头："那对我来说真的太难了，我现在光是每天早起都觉得痛苦，我真的做不到像别人那样自律地生活。"

她顿了顿又说："我觉得现在也蛮好了，没必要改变了。"

于是，她放弃了想要改变的计划，又过上了以前她所厌恶和不满的生活，恢复了舒服又懒散的状态。

03

杏子和小蜜不一样，她下定决心每天做出改变，但她从不在朋友圈里打卡，总是默默地做着那些能让自己变得越来越好的事情。

为了身体健康，她不再日夜颠倒，熬夜做事，而是养成了早睡早起的好习惯。戒掉了没营养的垃圾食品，每天还会去健身房做瑜伽，周末她常常去外面散步，一有空她就会看一些名著或经典电影，放了假就外出旅行，此外她还特地报了一个英语学习班，决心提高自己的英语水平，让自己更有竞争力。

她每天都坚持做一些能够让她变得更好的事情，虽然很多看起来微不足道，但经过日复一日的坚持，那些细微的变化会越来越明显，她一天比一天过得好，变得越来越优秀了。

因为每天早睡早起，她像上班再也没有迟到过，规律的生活和运动健身让她身体越发苗条，精神状态也比以往好了不少，工作效率为此大大提高。她的英语水平在坚持学习后也进步了不少，能够和外国经理流利顺畅地交流。她的这些变化让公司里的同事和身边的朋友都纷纷刮目相看。

总之，她的生活和工作都变得充实丰富，不再是以前枯燥无聊的模样了。

在一次朋友聚会上，小蜜见到了杏子，惊讶得连问了她好多问题，小蜜觉得杏子就像变了个人似的，不仅浑身充满了自信，还变得更加闪亮迷人了，再看看她自己，竟然还是原来那副糟糕不堪的样子。

"杏子，你怎么突然就变成现在这副模样了？你瘦了好多，更好看也更自信了呢。"小蜜有些嫉妒地询问她。

杏子将自己每天坚持做的小事一五一十告诉了小蜜，小蜜听后震惊地说："你真的因为每天做了那些小事，就蜕变成现在这副耀眼的模样吗？"

杏子点点头，说："确实如此，你不要小瞧这些看似微不足道的事情，如果你每天都能坚持做下去，那么你每天都能改变一点点，每天都能进步一点点，日积月累，你就能蜕变成一个和现在不一样的自己。我可以做到，你同样可以。"

小蜜一脸心虚，深深低下了头，叹了口气道："唉，如果我当时能够坚持住，现在也会有人惊讶并羡慕我的变化了吧。"

04

相信有很多人都想着改变自己，改变生活，但却不知从何做起，其实改变并不难，你只要每天都改变一点点，每天都进步一点点，坚持下去，你自然会有所改变。

你渴望拥有更好的身材，就每天坚持运动和健身，控制饮食，久而久之，你的身材自然会发生美好的变化。

你渴望过上充实的生活，就每天做些自己感兴趣的事情。用行动填补空虚，日复一日，你自然会感受到生活的有趣和美好。

你渴望变得更加优秀，就每天坚持做能够提升自己的事情，读万卷书，行万里路，不断学习，给自己充电，持续努力，日子久了，你总会变得越来越厉害。

千万不要小瞧那些微不足道的改变，只要你能够坚持下去，那么再微小的改变都足以让你蜕变成闪闪发光的模样。

改变并不是一朝一夕的事情，它是从决定付出行动的那一刻起，持续累积而成的。

每天改变一点点，每天前进一小步，就会与成功逐渐拉近。每一天的坚持和努力，都能让期待的远方变得更近一些，日子久了，你终将能够改变自己，改变生活，使自己成为期待中的美好模样。

你 想 逃 避 的 现 实 ，
最后都会绊倒你

01

微博上有一位读者向我诉苦，她表示自己在读研后才发现研究生的生活实在太苦闷了。不仅每天要待在实验室里做枯燥乏味的实验，还得反复地修改学术论文，这让她适应不过来。

出于好奇，我不禁问她："既然你那么不喜欢研究生的生活，为什么当初还选择读研究生？"

她诚实地回答我："当时我没考虑那么多，只是不想那么早离开学校去找工作。我为了避开就业压力，不得已才选择考研，等我考完研后真正过上了研究生的生活，才发现一切并没有自己想象中那么简单，这让我迷茫又难过……"

这位读者的情况和很多大学生一样，考研并不是为了学业上的进修，而只是为了不离开学校，不踏进社会罢了，他们选择考研这条途径来逃避就业的压力，却忘了那些要面对的现实——无论怎么努力去逃避，压力迟早都会到来。

逃避你不肯面对的现实，只能是缓兵之计，不可能一劳永逸，而更糟糕的是，你费尽心机想要逃避的现实，最后都会出现在你前进的路上绊倒你。

02

我有一位朋友李菁，她在大学时成绩优异，能力出众，但到了大三这个分岔路口时，她也迷茫不已，不知所措。

和所有人一样，李菁在大三面临着考研、出国和就业的抉择，虽然无论哪一条路对她来说都不会很难，但她还是犹豫不决，并为此感到困惑纠结。

家人们劝她考研，在他们看来，学历就是好公司的敲门砖，毕竟本科学历不低不高，不像研究生、博士那样有竞争力，而老师同学则建议她出国留学，她成绩不差，努力去申请一所国外大学被录取的几率很高，学成归国也算是为人生履历添上浓墨重彩的一笔，很有意义。

李菁为此犯了难，在这条分岔路口上徘徊不定，纠结不已。

李菁不太想考研，她个人也没那么在乎学历的高低，而她虽然有过出国留学的想法，但深知自己的家境不允许，只好放弃。

那么，摆在她面前的道路无疑是走出校园，踏进社会，要么考公务员，要么找工作，要么去创业。

经过无数次的深思熟虑，李菁最终选择到各大公司面试，以求得一份稳定可靠的工作。

当年的就业形势不容乐观，她所学专业蛮冷门的，大部分同学选择了考研、考公务员来逃避巨大的就业压力，只有包括她在内的少数同学选择了直接就业。

那时李菁积极地参加各种校招、省招，到人才市场给心仪的公司投递简历，四处参加面试。她表现不错，能力也强，毕业前就收到了十几家公司的 offer，最后她选择了进入一家最有发展前景的公司工作，如今的她已工作多年，拥有着丰富的行业经验，职位越升越高，拿到的年薪让人羡慕不已。

03

而李菁班上有些为了逃避就业压力而选择考研的同学，在读完研究生后依旧害怕就业的竞争压力，却又不得不踏进社会，和广大应届生一起面对残酷严峻的现实，更有甚者因为准备不充分，在公司的初面就被HR 问得哑口无言。

李菁和我说："有些事终究是无法避免的，有些压力终究是要承担的，哪怕你千方百计去逃避，最后依旧还是要面对现实。"

毕竟，生活可不会因为你选择逃避现状，就放过你，你要明白，你逃避得了一时，逃避不了一世，你越想逃避，现实越是迎面而来，让你措手不及。

相信每个人都有不愿意面对现实而选择逃避的时候，然而逃避是没有用的，它只能暂时安抚你，而不能真正地帮你度过难关。

中学时代，每当考试考得很糟糕时，我总会选择逃避现实，当学习上的"逃兵"，因为我害怕老师和家人的指责，可是，不管我再怎么回避现实，依旧逃不过每一场考试。

后来我才慢慢想通，逃避现实是没用的，这次没考好如果不努力反省，弄懂错题，并抓紧时间复习，那么下次考试必定还会考砸。

考试如此，生活也如此，你以为逃避就能解决问题，其实大错特错。逃避不能解决问题，它只能制造出更多的问题和麻烦，让你以后更加头疼！

04

你在公司的工作没处理好，还出了差错，如果你只想着怎样逃避现实，推卸责任，而不是自动接受现实，并做好后续工作，那么你的问题只会越积越多，事业也不会成功。

你不想面对大城市所带给你的竞争压力和生存压力，一心想要逃离都市，却没有与野心相匹配的实力，那么你就算回到老家，也逃避不了职场上的激烈竞争。

你不想面对过年时家人们的咄咄逼问和催婚催生，就选择不回家过年，然而你逃避得了家人们的追问，却绕不过苦闷逼仄的处境。你自己过得不好，逃得过家人的目光，却逃不过生活的责难。

很多时候，你以为只要逃避一下就好了，可是你错了，逃避是可耻的。逃避得了一时，只能得到短暂的安慰，问题无法解决，仍旧停在原地等着你处理。

　　如果你一直想逃避现实，那么到最后那些你所担忧害怕的现实都会出现在你必经的道路，挡住你的出路，并狠狠地绊倒你。

　　与其处处逃避，步步退后，还不如迎难而上，勇往直前，趁早解决那些困扰你的问题，不要让它成为你日后前进道路上的障碍。

　　愿你我都能拥有敢于直面人生的勇气，不要一直逃避退缩，而要勇敢地向困境迈出步伐，用尽全力地踏过脚下那片泥泞的地方。

请 记 住 我 ，
记住本身也是一种爱

01

"看完《寻梦环游记》，我哭着想要回家拥抱我爱的人。"——这是一个朋友和我说的，而我也是这么想的。

那天我一个人去看电影，被电影中的人物和故事情节戳中内心，多次落下了难以抑制的泪水。

《寻梦环游记》的故事发生在墨西哥，那里有一个盛大的亡灵节。在亡灵节这天，人们会在家里铺上万寿菊花瓣，并将逝去的家人的照片摆在桌上供奉他们。

那些逝去的亲人会在万寿菊花瓣的指引下，由亡灵世界来到活人世界，并与在世的亲人们共度佳节。

故事的主角是一个叫米格的男孩，他热爱音乐并拥有天赋，梦想成为一名像歌神德拉库斯的音乐家，而他的家人却坚决反对，因为他们的曾曾祖母，曾经被一个音乐家抛弃，如今他们以制鞋为生，完全不想沾染一丝音乐，于是禁止家里人演奏音乐，连唱歌都不允许。

叛逆的米格为了追寻自己的音乐梦想，便到墓园盗取吉他，后来误入亡灵世界，由此展开了一段奇妙刺激的冒险……

这个亡灵世界并不是我们想象中只有黑白灰这些单调沉重的颜色，相反，它色彩斑斓，热闹非凡，应有尽有。逝者可以在亡灵节这天盛装打扮，去活人世界探望还在世的家人。

前提是，人间要有人供奉你的照片，这样亡灵才能被安检系统识别，顺利通过安检口返回人间。

电影里有一个可怜的"猪皮哥"，因为他被所有人遗忘，便永远地从亡灵世界消失了。

看到那一幕，我心一颤，泪水便流了下来。

"当活人的世界里再没有人记得你，这就是终极死亡。"

多么现实，又多么悲伤。

02

外公是在我小时候过世的，在我记忆中，他一直是一个和蔼可亲、耐心善良的人。

外公特别宠我，会早起为我买喜欢的包子豆浆，会给我买许多水果和零食，会把电视机让给我看动画片，还会做一桌我喜欢的美食……

然而，外公在我八岁那年发生了意外，大病一场后，他瘫痪在床，生活不能自理，只能让外婆和舅舅照顾他。

那时候我已经上小学了，离乡下远，不再频繁地去乡下外公家，有时候一年就只有三四次探望外公的机会。

我在快速地成长，而外公却在快速地衰老：我长得越来越高，而外公却越来越虚弱，到最后一年见到他时，他已瘦骨嶙峋，让人心疼。

最令我心疼的是，曾经格外宠爱我的外公在瘫痪后渐渐失去了意识，他变得不再清醒，记忆也下降得很快，以前总是温柔呼唤我小名的外公竟然会彻底忘掉了我。

他不再记得我是他最疼爱的外孙，也不再记得曾经陪伴我成长的岁月了，他变得痴傻迟钝，亲人们都认不出，连一句完整的话都说不出了。

看到外公瘫痪在床，我的心如刀割一般痛苦。我多渴望他能恢复正常，重新唤醒记忆，像过去一般和蔼地唤我的小名，拉着我到街上散步，给我做好吃的绿豆粥，陪我一起看电视剧……

可是，外公彻底忘了我，仿佛我从未出现在他生命里一般。

外公直到最后都没能恢复记忆，他走的那天我没敢去看他，我一个人躲在家里，故作坚强地做自己的事情。

可我终究还是脆弱得不堪一击，那一晚，我泪泪满面，哭了很久很久。

从那天后，我再也听不到他的声音也永远见不到他了。

03

死亡总是沉重而悲伤的，好在过往与爱有关的记忆依旧存活在我的心里。

我曾无数次希望外公在最后一刻能够找回记忆，记得我这个外孙，记起我们相亲相爱的所有画面，可是现实如此残忍，他终究还是什么都记不起来就匆匆离开了我们。

或许，遗忘对他而言是值得庆幸的，因为他在煎熬中一定不愿看到我们这些爱他的人为他难过，但他的遗忘对我们而言却是痛苦而遗憾的，因为我们彻底失去了那个拥有记忆的他。

再后来，我开始学会接受与亲人的离别，虽然不情愿，但别无他法。

爷爷、外婆、舅母相继离世，每一回，我都得哭得双眼通红，难过好一阵。在一次又一次失去，一次又一次告别后，我才明白，坚强不是在悲伤的时候不掉一滴眼泪，而是在哭泣后能很快地振作起来，笑着告别，然后重新开始，好好地过以后的生活。

人总是在失去的时候，才学会珍惜眼前人，所以死亡也是一门沉重悲伤的必修课。

死亡不可避免，但爱的记忆可以永存。

正如五月天唱的那首歌一样："我不害怕死亡，只害怕遗忘。回忆是你我，生存的地方。"

死亡并不是结束，真正的结束是你被世界上最后一个记得你的人忘记……一旦被人忘记，你就没有任何存在的理由了。

如此悲伤。

04

以前不明白为什么每当清明、重阳，甚至一些很小的节日，家里人会去祭拜先人，长大后我才明白，缅怀先人是我们对他们的怀念，同时满含我们对死亡的敬畏。

死亡并不是结束，那些逝去的亲人虽然不在我们身边，但依旧活在我们心里。

电影《寻梦环游记》里，米格在亡灵世界一路跌跌撞撞的冒险过后，终于得到了曾曾祖母的祝福，在得到家人的祝福后，他再一次返回了人间。

之前曾曾祖母给予他的祝福里总是带着"不允许他再碰音乐"的条件，而最后一次，她却给了他没有任何条件的祝福。

因为家人之间的爱，是无比纯粹的，是不需要任何附加条件的。

"我不需要你感激我，不需要你记得我有多爱你。我爱你，只是出于本能，没有任何原因。"

我也曾经是一个不被家人理解的孩子，所以在电影院里看到那一段时，真的忍不住再次落下了热泪。

或许家人们有时候不能理解我们，感觉离我们非常遥远，他们甚至不愿意支持我们去追寻自己的梦想，一再地阻拦我们去做自己想做的事情，可无论如何，他们始终是爱我们的。

《寻梦环游记》的主题曲《Remember Me》真的超级感人，然而，更感人的是埃克托的那一句话：

"可这首歌，我不是写给世界的，我是写给我的女儿COCO的。"

"虽然再见迫不得已

请记住我

眼泪不要坠落

就算我离你而去

我也将你放在心里

在每个分离的夜里

为你唱一首歌

请记住我

在你重新回到我怀抱之前

那是我唯一存在的方式

……"

家人，其实比梦想重要得多。爱，才是你我在这个世界上最为珍贵的东西。

我想，我们每个人心里都有一个COCO，都有一个难以忘怀的家人，他们虽然已经不在，却永远永远住在我们心里，永远永远被我们记住。

被人记住，真的是一件非常幸运的事情啊。记住本身也是一种爱。

如果有一天你要离我而去，那么请你记住我，然后非常非常缓慢地，遗忘我。

青　　　春　　太　　短　　　，
你该脚踏实地而不是虚度时光

01

　　不知道你有没有这样一种感觉：时间实在过得太快了，它一刻不停地流逝着，在我们还没来得及改变生活前，它就已在不知不觉中悄然逝去，再也无法重来。

　　你看，如今是 2018 年了，2008 年北京奥运会已经是 10 年前的事情了，王菲和那英同台演唱《相约 1998》的春晚也已经过去 20 年了。

　　光阴似箭，岁月如梭，很多事情你现在回过头来看，都会发出时间匆匆的感慨。时间永远不会为人停留，更无法重来，过去已变成曾经，遗憾便只能是遗憾。

　　在时间的洪流里，遍布着人们数不清的遗憾和懊恼，而在那当中，最让人难过后悔的，莫过于在青春年少的日子里，碌碌无为，虚度年华，没有为自己的梦想真正地去努力。

02

大林是在大学快毕业的时候才开始着急的，他班上的同学有的考上了研究生，有的参加了公务员考试，有的申请了出国留学，还有一些人已经找到了心仪的工作，就他一个人成天游手好闲，不知道未来的出路在哪儿。

在大林为毕业论文忙得焦头烂额的时候，身边的同学早已通过了毕业答辩；在大林为撰写个人简历头疼不已的时候，身边的同学已经收到了研究生的录取通知书；在大林面试多次被拒心烦意乱的时候，身边的同学早已坐在办公室里实习了……

为什么大林和同学之间的差距会如此之大？难道因为是他天生不聪明，没有能力，才比不过别人吗？

不，大林并不是不聪明，在大一时他和所有的同学都站在同一条起跑线上，只是他不肯努力，疏于学习，才会和身边的同学渐渐拉开差距。

大林在大学四年得过且过，上课随便听一听，作业随便写一写，连考试也马虎应付，只求及格，在他眼里，学习是一件特别乏味无趣的事情，对他来说是没有意义的，还不如通宵玩游戏来得痛快。

在别人专心致志学习的时候，大林玩手机玩得不亦乐乎；在别人参加各种课余活动和社会实践时，大林窝在宿舍里睡懒觉；在别人努力考取各种证书时，大林在通宵达旦地玩游戏；在别人考研、考公务员、找工作时，大林依旧在浑浑噩噩地过日子……

直到大四毕业，大林不得不面对残酷的现实时，他才发现自己已经和同学拉开了极大的差距，远远落后于身边的朋友。

大林这时既焦急又惆怅，面对如同一团迷雾般混沌的未来，他既无奈又害怕，不知如何是好。

那时候，他才意识到自己大学四年的生活过得有多颓废，多荒唐，多失败。他懊悔极了，他心想，如果能够让他重新回到大一，他绝对不会像过去那样虚度年华，浑浑噩噩地生活了。

可是，生活里没有"如果"，有的只是无数个让人后悔和遗憾的"结果"。大林永远不可能回到过去，也永远不可能重新经历一次那段被他挥霍掉的青春岁月了。

03

有多少人像大林一样呢？在最美好的青春年华里，虚度光阴，碌碌无为，等到生活变得困顿不堪时，才会抱头痛哭，懊悔不已。

我身边有很多朋友都曾在青春里虚度时光，尽情享乐，却不肯向未来前进，也不肯为梦想付出努力。他们那时候总觉得时间很多，未来还远着，所以当下不努力、不前进也没关系。

可他们忘了，时间远比他们想象中要过得快，眨眼之间，他们还没享受够生活，那些青春的日子就已经逝去了。

陈艾在大学四年里过得很舒坦，她的生活除了玩游戏和交朋友，就是四处旅行，结果到了大四，她没能修满学分，毕业论文又没能按时完成，只能延迟毕业。

如今，陈艾回到老家在一个公司当小职员，她并不喜欢那份事多钱少，还要经常加班的工作，可她别无选择，因为她在大学四年里光顾着玩乐，并没有掌握什么有用的技能，能找到一份工作就已经不错了，她实在没有足够的实力跳槽到心仪的大公司去。

而和陈艾一起念书的大多数同学，却在毕业后混得风生水起，有稳定的工作，拿着优渥的薪水，过上了她无比渴望的生活。

陈艾非常羡慕那些实现了梦想的同学，但是她光羡慕别人又有什么用？

陈艾和我说："我后悔了，一个人的青春时光其实非常短暂。我最遗憾的就是当初虚度年华，没有好好努力，到了现在这个年龄只能得过且过地混日子。"

然而，就算她再后悔也没有用，毕竟每一个人的青春都只有一次。

04

我也曾以为青春会很漫长，不过生活让我明白，那些美好的日子不过短短一瞬，如果你虚度年华，挥霍时光，那么你必将在日后感到后悔。

每一个人的青春都非常宝贵，也都很有限，时间一刻不停地流逝着，你以为自己会永远像现在这般年轻吗？

不，你的青春岁月不过只有一小段日子罢了。

然而，你不必为此过分担忧，也不必着急享乐，每个人的青春都稍纵即逝，也正因如此，我们才更应该抓紧时间，把握住今天，脚踏实地，过好当下，而不是虚度光阴，挥霍青春。

　　要知道，你现在所做每一件事都会影响未来自己的模样，如果你不想让未来十年、二十年后的自己后悔，那你就应该脚踏实地地去努力，认真为梦想拼搏奋斗。

　　青春就像是摸着石头过河，你努力前进，梦想才会离你更近一步，你认真踏出的每一步，都会让未来更加靠近你。

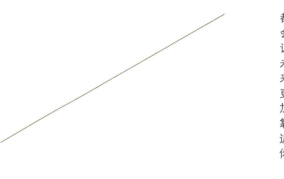

青春就像是摸着石头过河，
你努力前进，
梦想才会离你更近一步，
你认真踏出的每一步，
都会让未来更加靠近你。

你 自 己 都 无 趣 ，
生活又怎么会有意思？

01

小向最近一直在和我抱怨，语气无奈而惆怅，他说："我感觉现在的生活好没意思，既枯燥又单调，没劲透了。"

他带着一副沮丧颓废的神情，仿佛生活亏欠了他许多似的，不满压抑的情绪全都表现在了脸上。

"你的生活怎么就没意思了？"我有些纳闷。

小向是一家公司的白领，工作并不算繁重，要处理的事务虽多但都是合理的安排，偶尔加班开会也再正常不过了，比起那些工作时疲于奔命、累死累活的人，小向的生活已经不算差劲了。

可是他偏偏不喜欢目前的生活，甚至觉得每天上班打卡的工作非常无聊，生活乏善可陈，没有什么意思。

我和他说："你下班后的时间不是很多吗？你在那些空余时间都做了什么？"

小向说："下班后我还能做什么？不过是挤地铁、赶公交回家，回到家里吃完饭就做点家务，洗完澡也蛮晚了，到了点儿就睡觉，然后第二天一大早又得早起赶公交上班。"

"工作日忙点儿可以理解，但是周末你总该全天有空吧？在周末的时候你通常做什么？"

小向不假思索地回我："周末嘛也就像往常那样过呗，周五晚上熬了夜，周六白天就很晚才起床，起床后就点外卖，宅在家里玩游戏或看电视剧……真没什么有意思的。"

看着小向那张闷闷不乐的苦脸，我不由得叹了口气，对他说："这样看来，你的生活的确很没意思，单调无聊，一成不变，不过你不该埋怨生活，你该责怪的人是你自己。你好好想一想，自己都无趣，生活又怎会有意思？如果你不想再继续过这样无趣乏味的生活，那么就选择一种自己喜欢的生活方式，努力让生活变成你喜欢的样子吧。"

02

生活不可能一马平川，它既有晴空亦有风雨，哪怕你走在一条平坦开阔的大道上，也会偶尔拐进弯路，走进泥泞不堪的小道上。

生活不可能事事顺遂，也不会尽善尽美如你所愿。正如我们仰望的苍穹，总会时阴时晴，你会在晴天时欢笑，也会在阴天时感伤，这些都是再正常不过的了。

这世上的生活方式有千千万万种，无论何时何地，你都有权利去选择自己喜欢的方式生活。

我也曾度过一段非常无聊的时光，那时我总是待在家里，哪儿也不去，成天只知道看书、追剧和玩游戏，可以说是非常颓废萎靡了。

我自己也感受到这种颓废状态，但又像是落入捕网中的鱼一样，被生活消耗掉了力气，无法跳回辽阔浩瀚的大海里去。

直到有一天，我在朋友圈里看到了唐玲的动态，我才有了改变现状、脱离无趣生活的念头。

唐玲那一阵子刚从公司辞职，她没有很快就找新工作，而是给自己放了一个假，好好地休息，好好地享受生活。

03

唐玲办了东南亚好几个国家的签证，并来了一场说走就走的旅行。

在越南她看到了充满少女感的粉色建筑物，吃到了当地可口的米粉和春卷；在泰国的海岛上，她看到了蔚蓝的大海和细白的沙滩，吃到了新鲜美味的海鲜大餐；在马尔代夫，她沉醉于椰林碧海的美景中，还进行了人生中第一次潜水……

光是看她发在朋友圈里的照片，我都感到非常地兴奋。我不禁感叹道：这个世界真是辽阔无垠，你不去外面走一走逛一逛，就不会发现世界上原来藏着那么多美景胜地。

唐玲回国后，我和她聊了一次天。我问她为什么要四处旅行，她笑着说："旅行能够让我看到那个和平时不一样的自己，在旅行中，我心平气和，觉得生活没有自己想象中那么糟糕。"

唐玲和我说起了她过去的故事，原来她之前在公司工作时过得并不快乐，生活如同一潭死水，没有生气。

"与其沉溺在那片不起波澜的死水里，不如离开它跳进一片更加广阔的大海中。"唐玲为了结束那段沉闷不堪的生活，毅然辞职，并选择通过旅行的方式重拾往日的快乐。

在旅行归国后，唐玲整个人从内到外变了许多，她的肤色变成了小麦色，健康而迷人，她的笑容渐渐多了起来，显得自信又大方。她说："现在我找到了一份很适合自己的工作，我不再像过去那样成天找人诉苦抱怨了，因为我找到了一种能让自己过得愉悦舒适的生活方式，我现在过得很好。"

我将自己对生活的烦闷心事告诉她，她微笑对我说："夏至，你其实是有选择的自由，如果你想要经历一种自己喜欢的生活，那么你只要改变一种生活方式就好了。无趣的不是生活本身，而是你自己啊。"

听完她那番话，我恍然大悟，人不论何时，都有选择过喜欢的生活的自由，诉苦抱怨是无用的，你得改变生活方式。

04

在那之后，我不再消沉颓废，有时待在家里安静地看书写稿，有时则四处旅行，去看一看广阔美好的世界。

除此之外，我还交了一些要好的朋友，在周末和他们一起逛街、吃饭、聊天和看电影，和他们待在一起的时光充实有趣，让我变得更加开朗愉悦。

认识朋友，他们的生活都算得上是有滋有味。

吃 得 了 苦 扛 得 住 压，
世界才是你的

他们有的会在周末学瑜伽、茶艺和手绘，有的喜欢登山、游泳和骑行，有的热爱摄影、美食和音乐。他们工作之余，活得并不枯燥单调，日子过得有趣欢愉。

其实他们的生活也没什么特别的，之所以能如此有趣丰富，是因为他们选择了自己喜欢的生活方式，在平淡生活中找到了绵延的温暖和喜悦。他们可以，你也能行。

或许你也会时常感到疲惫，觉得生活没劲，甚至很糟糕，这很正常，如果你感到无趣，不妨选择一种适合自己的生活方式，将生活变成你喜欢的模样。

请记住，你永远有权去选择自己想要的生活，你若有趣，生活又怎会不精彩充实？

你永远有权

去选择自己

想要的生活，

你若有趣，

生活又怎会

不精彩充实？

Part 2

你怎么过一天，
就怎么过一生

我们的努力应该落到日常的每一天里，而不是仅仅在最糟糕无助的日子里努力挣扎。

你 怎 么 过 一 天，

就怎么过一生

01

有一段时间，我过上了一种迷茫荒废的生活，每天无所事事，毫无收获，虽然心里为此感到不安，但却改变不了懒惰偷闲的习惯，生活恶性循环了一段时间，直到我被编辑催稿。

在那之前，我勉强还算勤奋，还没有过拖稿的记录，我和编辑的关系都很不错，从来没拿什么蹩脚借口去糊弄他们。

可那次不一样，我生活上出现了一点状况，心情特别不好，感觉怎么调整都回不到之前的状态。

于是，我坦诚地和编辑说，自己因为生活上的一些事情耽误了时间，恐怕是不能按时交不稿了。

编辑没有怪罪我，她看了我的朋友圈，知道我心情一直非常郁闷，已经好久没有写稿了，她有些担忧地对我说："夏至，你是真没事还是假没事？你已经有多少天没写稿子了？再这样下去，你不怕你的写作之路荒废吗？"

那时的我确实是有整整三个星期没有写稿，连一千字都没有写到，整天荒废时间，虚度光阴，心里却想着：没事没事，反正还有明天呢，不用太着急，今天过了就过了吧，没什么大不了的。

编辑关心我，询问了我生活的难处后，语重心长地和我说了一句话："夏至，你别再这样浑浑噩噩下去了，快点恢复之前的元气吧，别让日子就这么一天天过去，否则到时候你一事无成，稿子也写不好，就只能哭着后悔了。"

02

编辑和我讲起了她过去的事情。

她高三那会儿，家里有位她非常尊重的长辈过世了，那位长辈生前一直很疼爱她，待她特别地好，可惜的是，她因为在学校上课没能赶回去见她最后一面，为此，她伤心得没心思看书，动不动就落泪。

高三正是应该冲刺拼搏的时候，但她却丧失了之前的斗志，书看不进去，学习也做不到专心致志，一天就这么虚度过去，测试的成绩一次比一次差劲。

后来幸好她母亲发现不对劲，硬逼着她学习，才让她的学习又迎头了赶上来，尽管高考时她还是未能考上一所理想的大学，但在她看来，没有落榜便已是万幸。

经过这件事后，她想通了，无论心里多么不好受，无论生活有多少让人难过的事情，都不要放纵自己，任由自己虚度时光，浪费青春，不要无所事事地度过一天，不要日复一日地重复过那迷茫无劲的一天，否则，后悔的只能是自己。

编辑说："说实话，要是那阵子我没有荒废那么多时间，恐怕我就能考上我喜欢的那所政法大学，学习我喜欢的法律专业，当一名让人羡慕的律政佳人了。虽然我现在过得也不错，不过想起来总还是有些遗憾和可惜。"

"所以夏至，你千万不要学我，别以为你荒废的只是一天时间，长此以往，你重复这样的日子，荒废的就可能是你的青春，你的人生！"

我知道她没有在吓唬我，她之所以这么一本正经地告诫我，不过是不希望我重蹈她的覆辙罢了。

我对她的关心表示感激，同时我心里也在深思和反省。在那之后，我迅速调整了自己的状态，抓紧时间赶稿，终于在截稿前把之前欠下的稿子交给了她。

03

现在的我，越来越明白一个道理：哪怕心情糟糕，生活困顿，也不该放任自己，虚度时光，耗费青春。

不要想着就只是一天而已，很可能，你迷茫了一天，之后就一直重复那一天，你荒废了一天，之后可能就慢慢荒废了整个青春，整个人生。

你怎么过一天，就怎么过一生。

我认识一个足以称作"拼命三娘"的女孩，她在一所重点大学念书，虽然学习并不算太紧张，可是她从来没让自己闲过。

在舍友刷着淘宝，看着韩剧，吃着零食放松、休闲和娱乐的时候，她常常会去参加感兴趣的社团活动，有事没事就跑到图书馆看书学习。

大一的时候，她参加了十几个志愿活动，被学校评为"优秀志愿者"。大二的时候，她报了第二专业，学习对将来可能有用的会计，并考取了好几个含金量高的证书。大三时，她抽空学习西班牙语，还利用寒暑假到知名企业实习。大四那年，她被学校选中去香港一所大学参加学术项目，据说他们学校的赴港名额只有八个，每个被选上的学生都是格外拔尖的人才，而且她在毕业前就被一家世界500强企业录取了，工资待遇都非常不错。

她的舍友们都特别羡慕她，因为和她对比，她们好像大学四年也没做出什么事情来，浑浑噩噩，到头来只领了一本毕业证书而已。

我也佩服她能将大学四年过得如此丰富充实，但是我知道，她现在所散发出来的光芒不是一日之功，而是她一天天的反复积累。

在大学里，有人成天就知道上网打游戏，逛淘宝，刷贴吧，看韩剧，把无所事事的一天重复了四年，到头来一无所获，有的只是不甘和后悔。

而她不一样，她的每一天都特别忙碌充实，从不不虚度自己的青春时光。

她早上五点半起床看书背单词，六点半到操场跑步晨练，七点钟到教室学习，上完课程后学习西班牙语，有空余时间就去参加自己感兴趣的社团活动和志愿活动，她总是早出晚归，每一天都没有白费。

这样忙碌、自律、勤奋又肯坚持的人，怎么可能不优秀？

04

朋友圈里有一个运营公众号的陈姐，去年她辞去了稳定的工作，靠写文为生。

或许你会觉得不上班的生活，每一天都是休闲和放松吧，但事实却是，她过得不比在公司上班的白领轻松多少。

她总是早早就起床写文，她说清晨时自己的脑子比较清醒，而且早起能利用更多的时间去写稿，感觉就像赚到了一样。

哪怕是节假日，她也不给自己放假休息，总是要写完公众号文章才肯停下，有时候遇到一些网络热点，即使是在大半夜，她也会熬夜写稿，争取第一时间发布自己的文章。

一次她在朋友圈里发了一张在餐厅吃饭的照片，评论都在说她终于给自己放假去吃大餐了，然而她却统一回复我们：我是带了笔记本出来的，只有把今天的推送发出去，我才能稍稍松一口气。

有时候我觉得她太拼了，一天过得那么充实，简直就是普通人的两天。

她听到我这些话，说："或许你们觉得我这样做不值得，可对我来说，只有每天这样生活，我才会感到快乐和满足，人和人的追求不同，有些人只是重复一天的生活，把一天过成了一生的样子，而我不同，我每天都在努力，想尽办法地过好自己的生活，我不求太多，只求以后的我有足够的资本享受一切美好，不会为曾经的不作为后悔。"

现在她运营的公众号粉丝已突破五十万，这个数字还在持续增加，而她单靠每天更文读者给的赞赏就足以养活自己，过上了自己渴望拥有

的生活。

　　我想，像她这样充实的一天，才有资格重复成一生吧，然而绝大多数人的一生，都被无数个无所事事的一天给荒废掉了。

05

　　在书里看到这么一句话，在我看来像是真理："我们很容易把忙忙碌碌的一天重复成一生，却很难把一生浓缩成真正想要的一天。"

　　一天并不是微不足道的，日子一天天地度过，如果你选择浑浑噩噩的生活，那么你的青春，你的时光终归会荒废。

　　如果你选择努力向上，积极地前进，那么你的一天便会过得格外充实，令自己得到满足和收获，把这样的一天重复和坚持下去，那么你的一生，也会是充实美好而闪耀光芒的。

遗憾的是，现实生活中，很多人都只是把单调无趣的一天重复成了一生，而少有人把一生浓缩成自己真正想要的一天。

无论如何，还是好好把握时间，抓紧现在，抓紧每一分每一秒吧。

过让你感到充实，愉快和满足的一天，成为你真正渴望成为的模样，这样，在你老去的时候，回想当初，你不会后悔，而你一生也将会是你真正喜欢的生活。

你 是 那 一 批 ，
提前老去的年轻人吗

01

前一阵子我在微博看到一个消息：联合国现在将 20 到 24 岁的人定义为青年，由此说来，就连 1993 年出生的人也算是步入了中年。

小优在朋友圈里自嘲道："我感觉自己还是个宝宝呢，谁知道莫名其妙就成了中年人，也是也是，我也快奔三了，没那么年轻了。"

小优是 1993 年出生的，今年到七月才满 25 岁，她大学毕业快三年了，目前正在上海一家企业上班，是月收入几千的小白领。

我和小优聊了起来，她感慨道："时间真是过得好快，仔细想想，我们 90 后真的都要长大了，1990 年出生的人已接近 30 岁了，而 1999 年出生的也已快 18 岁了——我们不再是小孩了。"

她的语气有些无奈和伤感，虽然按照联合国的说法我还是一个青年，但也开始紧张了起来，感觉自己也遭遇到了一种说不清道不明的"年龄危机"。

02

有人说，90后真是倒霉的一代。

70后、80后当家做主那会儿，称我们90后是"垮掉的一代"，一代不如一代。可当我们90后开始出头，在各个行业做出一番成绩时，这个时代却已悄然改变。

如今的房价不再是十几年前勉强能接受的价格了，很多年轻人在北上广过着漂泊不定的生活，因为高昂的房价产生了退却之心，在残酷现实的逼迫下，不得不一次次逃离北上广……

而如今，正是风华正茂的90后们又遭遇了前所未有的"中年危机"，有人调侃说："我们90后与众不同，过了童年直接就奔向中年了，还没有年轻够，马上就要老去了。"

很多90后开始自嘲"老阿姨""老叔叔"——这是一种伤感而又无奈的愤懑和感慨。

我们对着匆匆逝去的青春，无法阻拦，只能眼睁睁地看着它们流逝，岁月无情，而我们无能为力。

03

少年时期的我很向往长大，那时的我渴望早点变成大人，好早点享受淋漓尽致的青春。那个时候，我完全没有时间观念，只觉得日子还长着，青春还远着呢，一切好像都来得及。

可当我抵达二十岁这个关头时，才发现青春和预想的不太一样。

一切匆匆，时光之门是虚掩着的，当你意识到青春的存在时，你往往已经失去了它。

我们开始变得着急、焦虑，做什么都不再有耐心，开始急功近利，追求快速和高效，想要把时间紧紧地抓在手里，却还是握不住如指尖砂般的时光。

我身边不少朋友患上了"初老症"——明明才二十几岁，感觉却像活出了三十岁一般。

大程今年也才二十四岁，却急得不行，觉得自己快要奔三了，却依旧一事无成，为此抱怨心烦，成天闷闷不乐。

他就是一个普通上班族，薪水微薄，生活勉勉强强过得下去，渴望跳槽，然而能力有限，想要离开一线城市，却又找不到适合扎根的地方，憧憬谈恋爱结婚，却苦于没车没房……

每次他和我聊天，语气总是非常憋屈，像极了一个患得患失的中年人。

04

我和大程说："你还那么年轻，担心什么啊？没车没房、混得不好不是你一个人，你为什么整天闷闷不乐，愁眉苦脸？"

大程低着头，叹了口气："可是夏至，我真的感觉自己老了——不止年龄，心理也一样，我老到不相信梦想了，老到没有勇气重新开始了，老到按部就班地生活着，老到看不见未来的希望了……"

我想安慰他，却又不知道说些什么。

他打心底里给自己印下了"已老"的标签，不管别人说什么，都无动于衷。

这样的他，虽然还很年轻，但总归算是老了。

我认识的一个朋友尚尚，比大程大四岁，按照现在的说法已经算是"中年人"，而她却依旧年轻得让人无可反驳。

尚尚毕业多年，她花了6年时间，才从一个在职场上摸爬滚打的小员工变成了如今一家创业公司的联合创始人。

她年轻那会儿，也迷茫无措，懵懂无知，她被人欺骗过，被公司拒绝过，甚至欠下了不少债务，可是这些挫折并没有让尚尚放弃生活的希望。

很多时候，她都是咬着牙艰难地挺过来了。

现在的她在北京创业，虽然已经到了奔三的年纪，却依旧单身未婚，一点儿也不着急。

我问她对未来有什么打算，她开口闭口谈的都是自己公司的发展图景，说起结婚，她表示不用着急。

"结不结婚又什么关系，反正我现在还年轻，慢慢来，不着急！"

05

尚尚从来没觉得自己老了，相反，她觉得自己活得很年轻，比90后活得都还要年轻自在。

她和我说："你们年纪轻轻又怎么样，你们不会享受和利用青春啊，你们把时间浪费在了迷茫和焦虑上,早早就沦为了垂头丧气的'中年人',而我不同,我觉得自己的青春才刚刚开始,以后一定会大有作为的!"

我看着她那张神采奕奕的笑脸,也为她感到开心。

我想她说得对,年轻不仅仅体现在年龄,还体现在一个人的心态上。

有些人才二十岁,却早已是一副了无生趣、垂头丧气的样子,对生活提不起劲,不敢追逐自己的梦想,甚至看不到生活的一点儿希望——这样的人,虽然年轻,却也老了。

而有的人,哪怕早已被定义为"大龄青年",却依旧朝气蓬勃,活得积极向上,努力做自己喜欢的事情,不放弃心中的梦想,哪怕再苦再难,也依旧对生活充满希望和勇气——这样的人,哪怕年龄再大,却依旧年轻。

村上春树说,我一直以为人是慢慢变老的,其实不是,人是一瞬间变老的。

不得不承认,有些人早在二三十岁就已经老去,不复年轻。

06

我想,现在年轻人对未来的焦虑、困惑和不安,大抵是因为他们对自己的现状感到不满。

因为二十几岁的时候,他们没有能力去做自己想做的事,没有活出自己想要的模样,甚至一无所获,一事无成。

他们除了年轻,其他的一无所有,所以他们才会不停地感到焦虑、困惑、迷茫和不安。

在他们年轻的时候，他们找不到未来的方向，也实现不了自己的梦想，于是只能心酸无奈地感慨、自嘲，觉得自己早早就已经老去。

这是一种悲哀。

我始终认为，年轻是没有所谓的界限的，是不能单用年龄去定义的。

所谓的年轻是一种状态，是一种朝气蓬勃的状态，是一种发自内心的积极态度，是一种直面生活的勇气，是一种锐意进取的信念。

所谓年轻，不是"我不能"，而是"我可以"，不是止步不前，而是勇往直前，不是来不及，而是来得及。

一切都还来得及，你以为为时已晚的时候恰恰是最好的开始，你还年轻，真的来得及。

三毛说："我来不及认真地年轻，待明白过来时，只能选择认真地老去。"

如果你不想在二十几岁就早早地老去，就要抓紧青春的每一分每一秒，竭尽所能去做自己喜欢的事，去自己想去的地方，爱自己想爱的人。

因为在二十几岁的时候没有认认真真地年轻过，那么到了真正老的时候，一定会留下遗憾，一定会悔不当初。

那些不希望未来会后悔，更不想自己留下无法弥补的遗憾的人啊，从今天开始，认认真真地生活，认认真真地年轻，认认真真地奋斗，认认真真地去实现自己的梦想吧。

趁还年轻，趁一切都还来得及，你要勇敢而坚定地去做那些到了六十岁都会感到骄傲的事情。

千 万 别 等 到 没 有 退 路 时,
才想到改变

01

阿范打电话找我谈心,说她最近又辞职了,觉得之前那份工作太辛苦了,很难升职加薪,也没什么前途,她之后给多家公司投了简历,陆陆续续面试了好多次,然而 HR 给她的回应大都是委婉的拒绝,总是语气平淡地让她等通知,往往就没了下文。

她说着说着便忍不住哭了起来,声音哀切,充满着失望和无奈,她一遍又一遍地问我:"夏至,你说我到底应该怎么办?感觉自己已经没有后路了……"

更要紧的是,阿范一个月前辞掉了原本安逸轻松的工作,独自一人来到了上海,打算重新发展,她都还没来得及和父母说,觉得父母一定会反对,所以打算等找到合适的新工作再告诉他们,而眼下,找不到工作、积蓄快要花光、苦不堪言的她更是不知如何面对自己的父母了。

她很后悔,却又无可奈何,毕竟人生不能重来,有些选择做出了就不能更改。

而我能做的只是安慰和鼓励她,我也没有任何办法能改变她现在糟糕不堪的处境。

聊天末尾，我忍不住想叫醒她："阿范，你别再后悔抱怨了，你有这个时间还不如去提升自己的能力，好好找一份靠谱的工作吧。话说来你也真是的，你为什么总要等到没有退路才想到改变？"

02

阿范今年将近三十岁，与她同龄的朋友大多有了家庭，事业有成，生活安稳，像她这般混得连份工作都找不到的人真的寥寥无几。

她总和我说自己的青春像被狗吃了一样，不知道时间用在了哪里，我想了想，其实她的青春不是被狗吃了，而是被她肆意挥霍掉了。

她毕业之后换了好几份工作，工作总是不甚积极，态度很不端正，那时候的她跟无数迷茫的年轻人一样，没什么野心，也不知道存钱，成天想的只有吃喝玩乐。

她在本该努力加班，认真工作的年纪，却选择了与别人截然不同的方式生活。她工作随意，打卡上班，准点下班，一周有四天时间都在想着周末要去哪里玩，去哪家餐厅吃饭，假期时间她总是全国各地跑，到处游山玩水，玩得乐不思蜀。

她连正经的恋爱都没谈过一次，她看不上那些比她条件差的人，但自己喜欢的人又看不上她，家人担忧她便一直给她安排相亲，但她却总是借故推辞，那时候的她还算年轻，觉得谈不谈恋爱都无所谓，便放任自己，一直过着一个人的单身生活。

这些年过来，她真的就像没长大的孩子似的，什么都要旁人指点，连之前的工作都是亲人拖关系给她找到的，她根本就没费什么力气。日子一天天过去，直到今年她才意识到不能再这么下去，于是她狠下心辞职，打算去从事其他工作，努力活成自己喜欢的模样。

她想要改变，想要变得和之前完全不同，想要过上那种被人羡慕的生活。

可是等她辞职后来到上海，才发现在大城市打拼真的很不容易，她一个快三十岁，拿着三本学历又没什么本事的女生真的很难找到一份称心如意的工作。

这时候的她既没有了二十出头青春无敌的年轻资本，也没有了年轻蓬勃的朝气和对工作的热情，平时习惯享受安逸的她也根本不能吃苦受累，她一心想要改变，却无奈地发现前面是一条灰暗的死路，想要回头，却发现自己早已没了后路。

作为朋友的我看着她这么些年像只蜗牛似的缓慢成长，不禁为她感到悲哀。

03

虽然我并不认同什么"人到了二十五岁还没拥有好的工作就是失败"的观点，但我真的打心底觉得阿范这些年的人生轨迹是糟糕的，甚至是失败的。

如果我活成了她那副什么都做不好、连生活都快过不下去的模样，我真的会羞愧难当。

我无意指点评论别人的人生，但我实在是不满阿范对自己人生的态度，她就好似在游戏人生，等到人生将了她一军，她才幡然醒悟，痛定思痛，下定决心要有所改变，可等到那个时候，往往已经晚了。

生活中真的有很多人像阿范一样，迷茫无措，得过且过，在年轻的时候碌碌无为，等到自己没有了退路才会着急地想到改变。

学生时代，总要等到快考试的时候才想着发奋复习，努力背书，不想考砸于是变得异常勤奋，不惜熬夜看书，最后只勉强考了一个及格的成绩。

大学四年，前三年时间完全是虚度时光，除了上课，整天无所事事，不是玩游戏，就是看电影逛淘宝，专业课学不好，能力也不扎实，什么都只会些皮毛，等到了大四毕业季，才想要改变，于是匆匆忙忙实习，到处投简历，参加一次又一次的面试，无奈自己的能力不足，总找不到心仪的工作。

你是不是也是这样？

04

我们似乎都有这样一个毛病，常常会在生活平稳舒适、安然无恙的时候选择轻松享乐，过着那种不努力却很舒服的生活，只有当我们真正遇到了挫折，身处恶劣险境，无路可走时，我们才会想到回头，才会想到转变，而这时候，我们已经没有了退路了。

你别等到没有退路时,
才急着改变。

没有居安思危的意识,是相当危险的一件事。

那样,你只会被生活牵着鼻子走,你自以为的舒服和享受不过是昙花一现,等到现实完全展露在你面前,你才会意识到事情的严重性,你才会看到生活中残酷严峻的一面。

我们为什么非要等到没有退路的时候才想着改变，才想着努力呢？

所谓生于忧患，死于安乐。

我们的努力应该落到日常的每一天里，而不是只在最糟糕无助的日子里努力挣扎，企图跳出低谷，那样会很费劲，而且没有太大的效果。

我们想要改变，也应该趁早，不要因为眼前平稳舒适的生活，就轻易放弃自己的梦想，变得懒散堕落，无所事事，碌碌无为。

你要明白，生活绝不会一帆风顺，它有平坦大道，也会有曲折小径，它有绝胜风景，自然也有悬崖峭壁。你要走的，是走好脚下的每一步路，做好充足的准备，积极应对人生的每到道坎坷，努力做出改变，而不是被迫接受生活塞给你的重压和困难。

你在晴天行走，也该备上一把雨伞，你在康庄大道前行，也该小心留意下个路口出现的转弯。无论如何，你都要居安思危，提前努力，趁早改变，别等到遇到危机、遭遇挫折、身处险境，才去后悔，才想着努力，才巴望改变。

在轻松的日子多学点东西，多积累经验，多付出点努力和汗水，积极地尝试改变，做一些能够提升自己的事情，好好奋斗，朝着梦想的方向奔跑。

不要在碰壁的时候才想到努力，不要在没有退路的时候才做出改变，你不该被动地前行，过随波逐流的生活。人生始终是你自己的，你要好好走，尽自己所能朝自己喜欢的方向，走得越来越远。

你 的 心 态 ，
决定了你的生活质量

01

今年刚毕业的小茉总会时不时向我抱怨她工作的繁琐、租房的糟糕和生活的不易。

"我的上司也太欺负新人了，真是的，什么事情都交给我去做，我都忙不过来了。"

"我的出租房实在太拥挤了，洗手间三个人共用也就算了，关键是舍友不太友好，我连话都不想和她们多说半句！"

"我现在的生活真是可以用一塌糊涂来形容了，活得憋屈艰难，有时候真想大哭一场……"

小茉抱怨完后便一直皱着眉头，沉重地叹着气，完全没有一个二十几岁的年轻女孩该有的青春和活力。

我安慰她说："这些也不算什么要紧的事情吧，刚毕业出来谁不都是这样过日子啊，你得想开点儿，转变自己的态度……"

我的话还没有说完，就被她骤然响起的手机铃声打断了，她瞥了一眼，眉头皱得更深了："又是我那位严厉刻薄的上司，真是让我头疼，我这曲折坎坷的生活啊……"

看着她那张如苦瓜般委屈难过的脸，我摇了摇头，不再说话。

02

其实我身边也有很多和小茉一样刚毕业就出来工作的年轻朋友，他们的处境不相上下，根本就没有孰好孰坏之分，真正决定他们生活质量的，其实是他们对待生活的态度。

章然在大学时成绩一直很好，加上大三时有过获奖经历，导师告诉她保研名额她十拿九稳。大四时她到一家外企公司实习，表现不错，毕业后即可转正。那时的她毕业后无论选择读研还是工作，都是那么的顺利和风光。

后来她在一次工作时忙中出错，这是她的人生出现的挫折校对的表格出现了不必要的错误，受到了上司的责骂和批评，影响严重，她不得已只好主动提出辞职。而这时，本该属于她的保研名额已经有人顶替，学业、工作她一个都指望不上了。

我曾经设想过，如果我是章然，那么我必会悔恨交加，心情沮丧，甚至会郁郁不振，可是她没有。

章然很快就从失败的困境中坚强地走了出来，把烦恼和惆怅甩到一旁，换以微笑冷静淡定地收拾残局，面对眼前沉重的现实。

她没有选择继续考研，而是在毕业后努力寻找合适的公司，打算从事与自己所学专业相关的工作。

那段日子，她过得并不顺利，面试遭拒，租房不顺，生活困顿，举步维艰。她咬着牙，硬是撑着，才一步一步挺到了今天。

在回忆那段难挨困苦的时光时，章然并没有流露出过多的不满和忧郁，她脸上带着微笑淡淡地对我说："那时候的确挺苦的，我一无所有，处处碰壁，事事不顺，我也失望过，着急过，痛过哭过，但最后还是咬着牙坚持走过来了，现在想起来那真不算什么事，就只是人人都可能碰到的小事而已，我最惨的时候还在火车站的候车室睡过一夜，吃了整整一个月的泡面，可是生活依旧继续，除了微笑和努力，我什么都做不了。"

如今的她早已走出困境，在一家名声大噪的外企上班，成为了同龄人眼中的幸运儿和羡慕对象。

我也很羡慕她，更佩服她面对挫折，面对困难和面对生活的态度。

她说："没什么大不了的，今天过去，明天就会到来，太阳依旧照常升起，你只有好好地生活，微笑地面对全世界，才算没有辜负自己。"

03

同一件事，不同的人会持不同的态度，而同样是生活，不同的人的态度亦不尽相同。

杯子里有二分之一的水，悲观的人看到了不免会叹息道："唉，怎么就只剩下那么点水了，真是糟糕！"

而乐观的人却会这样想："真是太好了，还有半杯水呢！"

遇到了地震，即使幸运生还，悲观的人依旧心有余悸："我怎么那么倒霉，差点就在地震中死了！"

而乐观的人却充满感激："我真的是非常幸运躲过了一劫，以后我要更加努力地生活，感谢身边的一切，过好余下生命的每一天。"

心态不同，你所得到的也就不同，哪怕只是一朵普普通通的鲜花，心态积极乐观的人都能从中得到无比美好的享受和快乐，而悲观者眼中看到的只有花颓败后的惨淡。

《圣经》上说：眼睛就是身上的灯。眼睛若明亮，全身就光明；眼睛若昏花，全身就黑暗。

塞缪尔亦有言："世界如一面镜子：皱眉视之，它也皱眉看着你；笑着对它，它也笑着看你。"

其实，并不是拥有得越多，你就越幸福。幸福感与你的态度密切相关，如果你放宽心态，即使你住在拥挤狭小的出租房里，你也能享受到温馨舒适的生活。倘若你一直追求那些得不到的东西，不好好珍惜眼前所拥有的一切，那么就算你住在豪华宽敞的别墅里，良辰美景，锦衣玉食，也给不了你最简单美好的快乐。

如果你无法改变生活，就努力接受眼前的一切，改变心态，并坚持努力，只要你一直前进，生活总会慢慢好起来。

记住，你的态度，往往决定了你生活的质量。

比 你 优 秀 的 人 数 不 胜 数，
拼搏的路上做自己就好

01

小时候，家人们总是不厌其烦地教导我，要我向学习成绩优异的同学看齐，争取做到像他们一样，人见人爱，优秀耀眼。

他们就是所谓的别人家的孩子，我也很想成为和他们一样优秀的人，可是无论我怎么用功，怎么努力，永远都追赶不上他们极速前进的脚步。

当我开始练习书法时，他们已轻轻松松拿下了好几个书法比赛的大奖；当我决心学好英语时，他们就已经可以站在舞台上，流利而熟练地用一口标准的英语演讲了；当我还在为期末考试复习焦头烂额时，他们早已从奥林匹克数学竞赛中凯旋归来……

我发现，我努力追赶他们也不过如此，累得大汗淋漓，看到的却只有他们光芒万丈的背影。

那种极尽努力而毫无所得的挫败感一直笼罩在我心头，让我灰头土脸，在中学时代我也自卑了很久很久。

02

必须得承认，这个世界上是从来都不缺少优秀的人，人外有人，天外有天，人与人相比的结果只能是相形见绌，自惭形秽。

而那种拼命追赶他们、甚至想要成为他们的心态，不一定是成功的加速器，很可能是自卑、消极的垫脚石。

认识一个朋友小简，他父母对他一向要求严格，诸如考试一定要拿到全年级前十名，数学、英语一定要在班上排前三等等，他曾和我这样说过，他的中学时代简直就是一场巨大的灾难，他生活得一点儿也不幸福和快乐。

造成他如此沮丧压抑的源头是他邻居家的一个孩子。

那孩子仿佛传说中的天才一般，不仅乖巧懂事，还总是考全校第一，从幼儿园到高中，他一直就是别人眼里"好学生"的楷模和标准。

小简的妈妈总是叫他向那孩子看齐，想让他再努力、再用功点，希望他也能考第一，变得和邻居家孩子一样出色优秀。

每当他数学成绩下滑，他父母便着急得不行，严厉地质问他原因，罚他写检讨，熬夜看书到凌晨，害得他对数学考试有了无比深厚的阴影。

"你怎么就是不努力啊，你看看邻居家那孩子，人家多努力多聪明，你怎么就不能变成他那样？"

小简每次听到他妈那番恨铁不成钢的责骂，心里都如冰天雪地般寒冷刺骨。

可是，他不敢也没有能力反抗。

03

被逼着走向一条自己并不喜欢的道路，无疑是痛苦的。

高考那年，小简发挥失常，没考上清华，只去了一所普通的大学，而邻居家的孩子早就收到了国外知名大学的录取通知书，前程似锦，一片光明。

他妈为此一直在他面前叹气，埋怨他没有好好努力，整天想东想西，没有一点儿定力，现在可好，前程都让自己给折腾没了。

小简说："以前都是你们给我设定未来，却不顾我的感受，就知道一个劲儿地让我用功努力，我过得一点儿也不快乐！我承认我不够聪明，也不够优秀，可这又能怎样？世界上优秀的人那么多，我为什么就非得成为和别人一样优秀的人，却不能做自己？"

他的家人被他的这番话说得无言以对。

小简到了大学，没有父母的束缚和管教，活得顺风顺水，他在大学自由的时光里去做那些他喜欢做的事情，跑 17 公里的马拉松，参加全国的演讲比赛，组织校园的社团活动，做服务志愿者，到西部地区支教……

大学四年，小简过得充实、自在、满足而富有意义。严格意义上来说，他还是没能变成他父母所期待的优秀模样，但是他却收获到了比优秀还更重要的东西，那就是生活的意义、乐趣和价值。

现在就职于外企的小简工作稳定，生活舒适，每年都有足够的假期，让他可以放心地出国旅行，身边很多人都打心底羡慕他。

和他交谈，他一直在微笑，简单而真诚。

"或许我不是一个很优秀的人，比我优秀的人不计其数，可是很庆幸我没有丢掉自己，我终于还是活出了自己喜欢的模样。"

04

我身边优秀的人一样数不胜数，过去我也很想成为可以划分到优秀的那种人，也尽了自己很大的努力，结果却不尽人意。

后来我才明白，所谓的优秀只是一个比较级，就跟幸福一样，是因人而异的。

或许有人眼里的优秀是家财万贯，而有人却认为名声大噪便是优秀，而我觉得，只要努力地在自己喜欢的位置上做出一定的成绩，便已足够。

优秀不需要与人攀比，也不需要追赶别人。

正如写作圈里有无数的作者，有人赫赫有名，有人默默无闻，优秀是你真正给这个世界创造了那么点东西，而不是粉丝有多少，赚了多少钱，又或者写出了多少篇阅读百万的爆款文章。

比你优秀的人总是大有人在，努力自然是必要的，但你却不该为了那所谓的优秀而放弃自己最初的坚持。

经常见到有人打着别人的旗号宣传自己，"某某第二""xx 圈里的

某某某”，好像沾了别人的名字自己就立马变得光芒万丈一样。

可是，我不喜欢那样的“优秀”。优秀的人有太多太多，但你只有一个。

我宁愿独一无二，也不要那样所谓的优秀。

别人再怎么优秀都只是别人，我们没法变得像他们一样优秀的时候，那就勇敢地做更好的自己。

别人的优秀是属于别人的，与你无关，所谓的优秀并不是要成为别人，而是要成为自己。

如伍尔芙所说：“一个人能使自己成为自己，比什么都重要。”

真正的优秀应该是，你认真地去做自己喜欢的自己，很努力，很积极，也很快乐。

所 有 为 偷 懒 找 过 的 借 口，
都将成为未来路上的绊脚石

01

周正最近时常找我诉苦，他说最近工作忙得很，成天熬夜加班，都快受不了了。

我安慰他："工作嘛，偶尔忙到加班也是正常的，反正有你们部门的同事陪你，你就别想那么多给自己平添烦恼了。"

没想到周正拉长了脸，叹气道："我们部门就我一个人加班，别提多委屈多心酸了。"

我感觉有些不对劲，询问后才知道周正之所以要加班，是因为他没有按时完成自己的任务，他平时工作不认真，做事马马虎虎还特别爱偷懒，同事们都在一丝不苟地工作时，他却在见缝插针地上网聊天甚至拿手机玩游戏，有如此不端正的工作态度，他又怎么可能按时完成工作任务？

知道这番缘由后，我对周正说："你现在一个人加班是你自找的麻烦，要怪就怪你自己老是想方设法偷懒，不好好工作吧！"

周正皱了皱眉，嘟哝道："我那不叫偷懒，我只是想转换一下状态，休息一会儿，娱乐一下罢了。"

"行了，你就别再为你的偷懒找借口了，事已至此，你纵然有再多冠冕堂皇的借口也改变不了偷懒的后果。如果你真的不想那么辛苦地熬夜加班，当初又何必偷懒？"

周正听到我这番话后，深深低下了头，重重地叹了一口气。

02

我想起了阿旭，他和周正是同一批进入公司的职员，如今一年时间过去了，周正仍旧待在原来的岗位上，拿着微薄的收入，马马虎虎地工作，还时不时因为偷懒不得不熬夜加班。

而阿旭不一样，他在这一年里，勤勤恳恳地工作，因为态度认真，业绩突出，上司将他提拔成小组组长，他不仅得到了升职加薪的机会，还大有往公司管理层发展的趋势。

想当初，阿旭刚进公司的时候其实和周正没什么差距，他是一所非985、非211学校的毕业生，资历尚浅，和同期来自名牌大学毕业的新人相比，并不具备什么特殊的优势。

可是阿旭和周正不同，他积极向上，工作严谨认真，只要是上司交给他的任务，他都能保质保量，甚至超额完成。在工作期间，他不忘学习，努力向前辈们请教，并积极地和上司交流，认真地思考并积累经验，并一刻不停地提升自己的能力。

时间能够证明阿旭在这一年里付出的汗水和努力，他的能力在工作的磨练下有了很大的提升，出色的业绩让他变得锋芒毕露，成为全公司的焦点。

反观周正，他在该努力工作的时候时常偷懒，工作态度还非常不端正，总是得过且过，连最基本的任务都没能按时完成——这样的人又怎么能够在职场里真正立足？

周正总是拿各种看似合理的借口偷懒，将大量应该花在工作上的时间都用来休息和娱乐，事后就只能一个人熬夜加班，抱怨这抱怨那。

总是找各种借口偷懒而不去认真做事的人，注定是没什么长进的。

03

小时候我做作业的时候常常偷懒，将本该花在学习上的时间用来看电视，结果期末考试考得一塌糊涂，这才后悔当初没有好好学习。光知道偷懒，而偷懒带来的后果就是让你得不到进步，还浪费了时间，碌碌无为，一无所获。

长大后，我发现偷懒是一件特别愚蠢的行为，因为偷懒只能得到一时的舒服，却会在事后给你留下数不清的后悔和遗憾。

好好想一想，你有没有找过各种借口来偷懒？

期末考试来临前，你本该专心致志地复习，然而你却拿学习前要好好放松、劳逸结合作为借口对着电脑玩了一下午的游戏，将复习的事情抛到云外，结果期末考砸时，只能捶胸顿足。

晚上准备入睡前，你本该放下手机进入梦乡，然而你却拿看看新闻了解一下国家大事作为借口刷起了朋友圈和微博，结果你一玩手机就停不下来了，直到凌晨才入睡，第二天顶着黑眼圈，困意十足的工作。

你下定决心要减肥健身，然而你却有各种借口不去运动：天气不好、身体不舒服、工作累了……你办了健身房的年卡，想着每天都要健身，可一年过去，你真正运动的日子寥寥无几，体重减不下来，肚子上的赘肉依旧清晰可辨。

人呐，有时候意志力真的非常薄弱，如果没人监督，你很快就会放任自己，想方设法地偷懒。

偶尔偷懒一次两次情有可原，但是你总是找各种冠冕堂皇的借口来偷懒就不对了，毕竟偷懒不会带给你什么好处，它只会让你停滞不前，没有长进，变得越来越糟。

04

有人说，偷懒没什么要紧的，努力很辛苦，偷懒却很舒服，谁不喜欢舒服地生活呢？

可是，你要清楚偷懒得到的舒适是非常短暂的，而它所带来的后果却是相当棘手麻烦，很多事情你前期享受了过多的舒服，那么后期你就要加倍承受痛苦。

你在一件事上该花的时间和努力是不会减少的，你偷懒过多，只能用更多的时间和努力去弥补，那样才是得不偿失。

你偷懒没复习，考试考砸了就只能花更多的时间重新复习；你偷懒不好好工作，完不成任务就只能加班；你偷懒不去运动，就只能眼巴巴地看着别人坚持运动身材越来越好，而自己却越发肥胖；你总为自己偷懒的行为找各种借口，最后你只能在那些根本站不住脚的借口下悔恨当初……

偷懒的舒服和它所带来的麻烦相比，根本不值得你费尽心思找各种借口去做。

你该明白，这世界上没有谁是能够一直偷懒下去的，偷懒不会让你过得舒服，它只会让你越变越糟糕，而你所有为偷懒找的借口，最后都会变成挡路的绊脚石。

你现在所做每一件事都会影响未来自己的模样，如果你不想让十年、二十年后的自己后悔，那你就应该脚踏实地地去努力，认真为梦想拼搏奋斗。

青春就像是摸着石头过河，你努力前进，梦想才会离你更近一步，你认真踏出的每一步，都会让未来更加靠近你。

千万不要小瞧那些微不足道的改变，只要你能够坚持下去，那么再微小的改变都足以让你蜕变成闪闪发光的模样。

改变并不是一朝一夕的事情，它是从决定付出行动的那一刻起，持续累积而成的。

Part 3

年轻时，
你凭什么穷得理直气壮?

青春的时候我们总是会甘之如饴地做自己喜欢的事情，哪怕是吃苦受累，也不会在乎。

成　人　的　世　界　里　，
从来没有"容易"二字

01

　　好像过了二十岁，一只脚就好像踏进了社会的边缘，而另一只脚则凌空蹭着，死活不愿意完全踏进去。

　　这是我二十岁过后的状态，总是在挣扎着，游离在现实和梦想的边缘，努力想要摆脱困境，

　　却发现自己陷在泥潭中，并越陷越深。

　　我也有过一段特别消极的时光，那一阵子我遇到了很多不顺心的事情——被一个顶着"资深畅销书策划人"的编辑欺骗，我不仅差点被骗走 15 万字的稿子，还受到了他的诋毁和讽刺，他见无法合作下去，就将我屏蔽拉黑，而在此之前，他尽己所能地讽刺我，说我"无礼""不懂规矩""态度恶劣""文笔烂透了"。

　　"像你这种人，是永远不可能在文学圈里混下去的，你永远不可能出书，不会大红大紫，你就死心吧，你写的东西烂透了，一毛钱卖给我，我都不稀罕要！"

　　我记不得他说过的确切话语了，总之与这相比只是有过之而无不及。

他的态度和之前大相径庭，由原先的谦逊有礼变成恶言相向，始终让我心生寒意。

让我无奈的是，他拉黑我之后，我连反驳的机会都没有了，那时候我人微言轻，身边没有多少朋友，想诉苦都没人理睬，天地大地我却什么都做不了。

在那之后，我受到了严重的打击，写作也因此陷入了瓶颈期，心里自卑失望得不敢再动笔，整个人像得了抑郁症，一天到晚都沉默着。无论见到谁，都不想说话，心里不舒服，憋闷烦躁，对这个世界充满厌恶，做什么都提不起干劲，感觉生活黯淡无光，人生之路遥远得没有尽头，也没有希望。

那时候我太年轻了，还不满二十岁，容易将痛苦放得很大，好多事情想不通，心里的郁闷怎么也驱散不掉。

02

以前的我非常渴望长大，总觉得长大之后自己就能自由地做自己喜欢的事，可是当我跨进成人的那扇大门，我才发现成人世界并没有我想象中的那么美好，它虽然光明夺目，但也有着极其黑暗的一面。

很不幸，我早早就见识到那样的黑暗。

在被那位编辑骗过后，我不再发微博和朋友圈，整个人感觉异常消极，而我接触的一些作者在得知我的情况后，非但没有安慰我，还觉得我蠢笨无知，甚至发朋友圈含糊不清地嘲笑我。

我寻找安慰不成，还被那些踩高捧低的人当成了笑柄，得到的不是热情，而是冰山似的冷漠。

我感到心灰意冷，原本计划完成的小说因此被我雪藏，而原本打算出版的书稿我也没有再继续写下去，甚至删掉了很多之前写的文章。

现在回想起来，那时的我的确既幼稚又偏执，受不了别人的冷漠，也接受不了这世界的恶意。或许我对这个世界要求太高，总期待它的每一面都光明美好，于是有一天当我发现那一处不纯粹的暗黑后，我失望极了，觉得生活欺骗了我，欺骗了我快二十年。

毕竟，没有希望就不会失望，比悲伤更悲伤的，是空欢喜。

03

那段灰暗无光的日子，我看了许许多多的书籍和电影，企图从中找到某些可以治愈我的东西。

我努力寻找那些明快耀眼的能量，却也因为它们散发的光芒而衬得我愈发黯淡。

不过多读书、多看电影还是好的，我虽然没有完全被治愈，但心态有所转变，从原来的偏执慢慢变成接受——接受这个世界的不完美，接受这世界糟糕的一面，并与之温柔相处。

再后来，我重新发表文章，慢慢地被越来越多的人看到和喜欢，连续有出版公司的编辑邀请我出书，经过一番筛选，我也签下了自己的第一本书。

虽然过程没我写得那么简单，但毕竟还是值得高兴的事情，而我也因此得到了鼓励和褒奖，渐渐恢复了对生活的热情，继续写自己喜欢的文字。

朋友和我一样，也是在迈向二十岁的关头处，遇到了很多艰挫折——她申请公派留学的名额被人顶替，在学校里和同学相处不顺，有着诸多矛盾，甚至被一些同学疏远和排挤，连老师也不待见她，对她的抗议视而不见，而她的家人远在天边，远水难救近火，她无人倾诉，就只能独自舔舐伤口。

她开始看清了现实，发现了越来越多的不公平，知晓了很多不为人知的黑幕，也因此被伤害过。

这对一个平日里过着安分守己生活的年轻人来说，无疑是一个不小的打击。

好在无论如何，她总归是走了过来，后来她在回忆起这段不堪的往事时，不由得感叹说："原来不想长大是对的，因为这成人的世界里，真的没有容易二字。"

04

在大学里，免不了有人要与你竞争，有竞争就必有输赢，而更多时候，输赢往往有着定数——这就是所说的黑幕。

有些人生来起点线就比一般人要高，无论别人怎么追赶，你都赶不上他们。

而职场之中，更是少不了勾心斗角，尔虞我诈，朋友曾和我哭诉，她有个同事真是绵里藏刀，当着她的面尽说好话，可却又在背后暗暗捅她一刀。她总会把手头的任务推给朋友做，让朋友代替她加班，月末的时候却自己领了奖金，更气人的是，她稍稍修改了朋友的企划案，然后把朋友的名字改成她自己的，交给了上司，结果受到了嘉奖，朋友有苦说不出，和她摊牌，却被她一句"有本事你也这么做"弄得无法反驳。

有些人的存在，是生活故意设置来为难你的，让你心酸头疼，却又无可奈何。

你大声嚷嚷着公平公正，却不见得有人理睬你，你一个人默默忍受着欺压，却连一个站在你身后的朋友也没有。

朋友和我谈起她最不堪的日子时，皱起眉头叹息说："我不知道哭了多少次，我都差点怀疑人生了，觉得生活处处为难我，我永远都过得不容易，每当我流泪的时候，我都会想到张爱玲那句话：笑，世界便与你同声笑，哭，你便独自哭。"

05

想来也真的这样的，在生活中受到委屈，难过得哭出来时，没人能够真切地理解你并体会你的伤心，你要是哭，就只能一个人哭。

这个世界很大，但却不是布满光明，它也有着糟糕不堪的一面，它也会让人失望、委屈和伤心，而生活更是艰难，谈何容易。

想起电影《这个杀手不太冷》里，玛蒂达问里昂："人生总是这么苦吗，还是只有童年苦？"

莱昂回答："总是如此。"

最初看这部电影时，我还涉世未深，并不理解这句对话的意思。而现在，我明白了，因为我也遭遇到了生活的艰辛和苦楚。

我深深地明白，在这个有些残酷的成人世界里，真的没有"容易"二字。

你要想得到什么，就必须要付出足够的代价，你要想过上喜欢的生活，就必须坚持努力地前行，有时候，就算你再努力再拼命，也照样没用，该失败的注定会失败。

生活不会讨好你，没有什么简单可言。

对此，我们还能怎么办？

要想成为脚底生风，被人羡慕的战士，就必须摸爬滚打，咬牙坚持走过生活的一道道难关。

生活再苦再难，也要走下去，只要它没有完全摧毁我们，我们就要尽力走向前去，使劲靠到彼岸。

生活艰险，愿我们一直生猛。世界凶顽，祝我们永远强悍。

别 人 比 你 厉 害 ，
是因为别人比你更努力

01

前一阵和一位刚毕业出来工作的朋友聊天，他一脸的苦闷，一个劲儿地跟我大吐苦水。

他本身的工作并不是那么令人羡慕，工资不高，事情琐碎繁重，加班熬夜已成家常便饭，他感觉有些委屈和不甘。

他一个同班同学，比他小半年，大学毕业后和他一样没有选择考研，而是出来创业。现在他和别人合伙开了一家小型公司，事业蒸蒸日上，前途一片大好。

朋友并不太称赞这位听上去很励志的同学，谈起他，语气里更多的只是嫉妒和不屑。

"大学时他学习没有我优秀，绩点从来没有比我高，他现在有了自己的事业，也不过是因为他家里有点小钱，碰上了好机遇罢了，要是我和他站在同一条起跑线上，我肯定不会做得比他差。"

从头到尾，朋友一直都在避重就轻，不说那位同学创业有多努力多辛苦，就只简单地提到了他的家境和机遇。

我听后说了一句："不管别人家境怎样，能出来创业本身就很厉害，创业的辛苦大家有目共睹，你就别太嫉妒人家了，你反而该好好向他学习，争取早日做出一番事业来。"

朋友听后非常不满，只是他没法反驳我，就只能沉默，一个人生闷气，不再理睬我。

02

看到朋友那副不敢承认别人比自己厉害，硬要强行拉扯其他理由的样子，我想起了过去的自己。

过去的我又何尝不是那个不敢承认别人比自己厉害的人呢？

高中那会儿，我学习非常认真努力，无奈成绩往往处于中下游，而我的同桌，一个勤奋刻苦起来完全不比我逊色的同学，却偏偏总是考了很高的分数，这让我感到非常不满和嫉妒。

我看着自己那可怜兮兮的成绩，再对比同桌那名列前茅的成绩，心里一下落满了灰，极其不舒服。

为了安慰自己，我总是在心里对自己说："切，他有什么了不起啊，不过是比我用功一点，比我脑子好使一点罢了，要是我能做到他那么努力，我的成绩也不会差到哪儿去！"

我不想也不敢承认同桌比我厉害比我优秀，因为我觉得只要自己一旦承认，就相当于低头认输，不但信心大损，灭了自己的气势还长了别人的威风，非常划不来。

所以，我总是为同桌的优秀找各种借口，来暂时抚平我因为不够优秀而经历的失败和打击，想起来，真有点自欺欺人的意味。

这样的我，非但没有好好反省自己，还和同桌搞起了小小的冷战，又不肯向他求教和学习，结果故步自封，退步严重。后来，同桌被一所国内重点大学录取，并考上了自己理想的专业，而我只能眼巴巴地看着他，心里满是难过和羡慕。

回想起来，过去那个我实在是脆弱得不堪一击。

不敢承认别人比自己厉害，比自己努力，比自己优秀，本来就是一种不自信的表现，一味地和别人比较而不做出任何改变，那么注定会输得很惨。

03

在某个作者群里，有一位作者因为常常点评我的文章，和我讨论写作而和我交为朋友。

一次，她带着委屈、不满的心情在微信里找我聊天，十句话里有八句都在诉苦。

她不满地和我抱怨道："圈里的那谁其实写的文章也就一般水平，普普通通的，我真不明白为什么有那么多人喜欢她，与她相比，我感觉自己的文笔更好，可惜我就是红不起来。"

她口中的"那谁"我是认识的，一个在公众号里写文收获了数十万粉丝的作者，我看到她写的不少文章，文笔尚可，观点鲜明，思路清晰，感觉还是不错的。

可是她偏偏不肯承认别人比自己优秀的这个事实，她说："那谁不过是运气好，碰上了好时机罢了。她写文早，又会运营公众号，还经营着自己的粉丝群，看起来真不像是一个作者，反而像是做运营社群的，哪怕她粉丝再多，我都看不惯她的作风！"

虽说她的话并非毫无道理，但我看得出来，她此时已经完全被心里的嫉妒遮蔽了双眼，无法直视他人的优秀、认真和努力了。

我在朋友圈里常常看到那位作者发的动态，绝大多数内容发于凌晨一两点，那个时间正是我们安然入睡的阶段，而对于她而言，却是灵感涌现，埋头写作的时期。

不管她写文，做人有什么不对的地方，至少我得承认她的努力，承认她确实比我优秀和厉害，这不是助他人志气，灭自己威风，而是心平气和地看清现实，然后努力寻找突破口，在反省自己之余，好好向比自己厉害、优秀的人学习，使自己得到进步和提高。

04

我相信，别人的成功绝对不是没有道理的，而敢于承认别人的实力也非常重要。

看到别人比自己厉害，比自己优秀，没什么大不了的。我们不该太过局限，让嫉妒蒙蔽我们的双眼。

其实，这世界上厉害的，优秀的，成功的人何其之多，我们所看到的，不过是其中的少数人罢了。

承认他人的努力和成绩，并不是为了拔高别人，贬低自己，而是承认努力和汗水确实是打开成功大门的一把金钥匙，我们虽然无法复制别人的成功，但至少，我们也该好好地反省自己，尽自己最大的努力，也做出一些让别人羡慕的成绩来。

如果你只是在意别人的成功，而不去关注别人成功背后所付出的努力和汗水，那么你注定一事无成。

要知道，世界上没有哪一种成功不是来之不易的，你之所以觉得别人幸运，是因为你根本就没有达到他们努力的程度，你压根就没法理解他们各自的辛苦和劳累。

05

承认别人比自己厉害，比自己优秀，真的有那么难吗？

不是的，难只难在，你只羡慕别人光鲜亮丽的一面，却不肯付出和别人一样甚至更多的努力，去为自己的梦想奋斗和打拼。

别人厉害、优秀、耀眼，那只是别人的事，我们能做的，不过是尽己所能，好好努力，向着自己梦想的道路踏实前进。

你渴望得到和别人一样优秀的成绩，那就好好学习，积极备考，付出比别人多一倍甚至两倍的努力。

你渴望像别人一样成功创业，那就好好做好规划，克服各种困难，哪怕生活得再辛苦再心酸，也要撑下去。

你渴望像别人一样被人喜欢，那就好好加油，一天天成长和进步，努力变得更美好，更出色，成为一个更厉害的自己。

毕竟，光是羡慕和嫉妒别人是完全没有用的，你自己不努力，说什么也是白费力气。

见贤思齐焉，见不贤而内自省也。

承认别人比自己厉害，比自己有本事，也是认清自我的一种方式，我们只有以人为镜，才能更清楚地看到自己身上的不足与局限，这并不是一种无谓的妄自菲薄，相反，这恰恰是实现自我突破的另一种途径。

我们将从他人身上看到的努力和拼搏放到自己身上，敢于直视那个暂时不够好的自己，并勇于尝试、改变和开拓，那么最后受益的人便是我们。

我敢于承认有人比我厉害，比我优秀，比我耀眼，这并不是服输投降，而是勇于面对自己的不足和缺陷，别人怎么成功我不管，我能做的，就只有好好地努力和奋斗，每一天都过得比昨天更好，每一天都在进步，坚持做更好的自己。

你 用 尽 力 气 去 努 力 的 时 候，运气最好

01

人往往有那么一个缺点：只看到别人光鲜夺目的美好一面，就眼巴巴地羡慕甚至嫉妒他们，完全不去思考他们背后究竟付出了多少汗水和努力，而把他们所取得的成就，都归功于上天赐予的好运。

"他哪里优秀了，不过是运气好罢了。"

我常常听见这么一句带着酸味和讥讽的话语，再看看那些说话的人，大体上都是些没多大本事、能力不足又不去努力的人。在他们眼中，别人取得的一切闪亮的光芒，都来源于与生俱来的好运，自己本来优秀厉害得很，只不过没有别人那般的好运罢了。

他们正是那一类很典型的，看不到葡萄就说葡萄是酸的，努力不够就说别人只靠运气的"语言的巨人"。

很可惜，语言的巨人往往都是行动上的矮子，他们自命不凡，语言带着优越感，看谁都没有自己厉害，可偏偏不舍得付出汗水和努力，就只能靠那些酸涩的言语抚慰自己的心灵，实在不足为外人道也。

02

高中时，我前桌的女生也是这号人物，平时上课不认真听讲，课后习题也不及时去做，临近期末才急匆匆地复习功课，没考好就只会抱怨自己的运气不好。

然而她的同桌方芳和她恰恰相反，方芳是一个名副其实、安静沉稳的学霸——每次考试理科成绩总是名列前茅，大大小小的考试总能排列在光荣榜的前三名，同学们佩服她的实力，老师也称赞她优秀，可偏偏前桌女生不服气，心里明明羡慕她，但每次和别人聊天时，却总带着嘲笑鄙夷的语气。

"她其实没什么厉害的，平时学习还不是和我们一样，最关键的是她运气比我们好，每次考试都能猜到考题，成绩自然很好，没什么了不起的！"

她一副理所当然的样子，好像自己说的是无法反驳的真理一般。"她不过是一时的运气好罢了，我们凭什么要佩服她啊！"

在作为旁观者的我看来，前桌女生的话语透着一股浓浓的羡慕和嫉妒，又有着不甘和埋怨，她把别人取得的成绩归功于运气，只是因为，她没有做到方芳那般勤奋努力，她对别人的努力不屑一顾，其实自己才是最没有资格嘲笑别人努力的人。

我观察过方芳很多次，她耀眼夺目的成绩绝对不是白来的，也不只是运气使然，她积极、刻苦、勤奋、努力，不耍小聪明也从不抱佛脚，总是踏踏实实地努力，一点一点地进步。

03

　　方芳是我们班很早到教室看书的人，当我们还沉浸在梦中时，她就早早洗漱完毕，吃完早餐奔向教室了。

　　无论教室有多么吵闹，方芳总是能安安静静地坐在座位上认真地做作业，复习每门功课。她的书上密密麻麻记满了笔记，每个科目她都做了一本厚厚的错题集，她那细致认真的程度实在让我望尘莫及。

　　她从来不在考试前才想着突击，平时她就那么踏实勤奋地努力了。她孜孜不倦地学习，一步一个脚印，走得比谁都有耐心。所谓一分耕耘一分收获，她的好成绩是用持之以恒的汗水浇灌出来的，绝不是什么幸运。

　　当前桌女生在自习课上捧着娱乐杂志看得不亦乐乎时，方芳正埋头书海，奋笔疾书；当前桌女生轻松地和周围同学聊着八卦时，方芳利用课余的琐碎时间已经背了不少英语单词；当考试来临前，前桌女生慌忙着手复习，打算考前突击时，方芳不慌不忙地看书做题，心有底气，镇定自若。

　　哪里有什么幸运之说，一切闪耀背后都饱含着无数努力奋斗的汗水。

04

　　程皓近来也颇受同事的争议，因为他出类拔萃的工作业绩，他获得了公司的奖金，还赢得了领导们的重视和赞赏。

　　为此，不少眼红的同事在他身后说起了他的坏话，不是说他走后门，有关系，就是说他喜欢拍上司的马屁，工作业绩什么都是幸运得来的，对其他人而言一点儿也不公平。

程皓听过不少关于他的难听话语，一开始他气愤郁闷，觉得心里不舒服，可却无能为力。

后来他渐渐想通了，不再理会同事们的非议和闲话，一心一意地做好手头的工作，踏踏实实地努力，想用更大的成绩来证明自己。

他和我说："其实，我很理解他们的心情，嫉妒之心，人皆有之，这很正常。我不会再为此纠结头疼了，我要继续努力，好好工作，争取让他们看到我的实力，不再对我指指点点！"

程皓确实非常踏实和努力。他不怕苦不怕累，更不怕麻烦，上司交给他的任务，他总能提前完成，工作不仅高效，而且优质，他从来没让领导失望过。

就在同事休息的时候，他依旧忙着收集工作所需的各种数据资料，工作量大的时候，他主动要求加班，熬夜整理文件，构思方案，制作开会要用的PPT。为了让顾客满意，他多次到合作公司和经理洽谈，把合作事项一一讨论清楚，事无巨细，谨慎入微。

公司年会的时候，他因为突出的工作业绩，被公司领导鼓励褒奖，获得了最佳员工奖，不仅大幅度提高了工资，还升了职。

而当初那些议论他、说他单靠运气混进来的同事们再也没话可说了，他们不够努力，工作业绩一般，原地踏步，丝毫没有进步，就只能眼巴巴地望着程皓一步步走向人生巅峰。

他们不是没有升职加薪的可能，只是不善于努力，否定努力的意义，还错将别人取得的成绩化为幸运的范畴，殊不知，其实幸运正是努力的另一个代名词。

05

最近认识一个让我佩服不已的年轻人，虽然他也才二十几岁，不过他却已经是一个创业公司的联合创始人兼 CEO 了。

别人都说他年轻有为，极具商业头脑，更有甚者说他天生好运，碰到了机遇，成功自然轻而易举。

然而熟悉他的人都知道，他并没有什么特别的好运，他一路坎坎坷坷地走来，全靠坚持和努力，才走到今天如此闪耀的位置上。

就在同龄人还沉迷在游戏中无法自拔时，他早早就做起了自己的小本生意。天寒地冻的时候，他出门给人推销商品，遭过无数人的白眼，甚至还被人当作骗子，被人无情地骂着赶出房门；酷暑难耐的盛夏，他流淌着哗哗的汗水，在没有空调的房间里和其他创始人一起讨论商业方案，一次次推翻方案，又一次次重新策划，周而复始，直到想出实际可行的方案。

二十几岁的时候，他没有享乐，生活过得比同龄人不知要艰辛多少，他流下了数不清的汗水和泪水。受挫过，失败过，痛哭过，也曾想过放弃，不过最后他还是咬着牙坚持走下来了。

那些他吃过的苦，走过的路，流下的汗水，付出的努力没有辜负他，就在别人走出象牙塔感觉一片迷茫的时候，他和别人一起成立了公司，信心满满，雄心壮志地决心做出一番大事业。

当别人询问他成功的诀窍时，他说了这么一句话："天底下没有哪一条路是好走的，我从来没觉得自己有多幸运，如今的一切对我来说都是来之不易的。你们觉得我有多幸运，我在你们看不到的背后就有多努力。"

06

其实，人生中的好运是微乎其微的，你看得到别人表面的光鲜亮丽，也该去思考别人背后付出的汗水和努力。

哪里有什么天生幸运，不过是一如既往的努力和坚持罢了。

别看不起别人的耀眼光芒，把别人取得的一切成就归功于幸运，幸运不过是努力的另一个代名词，你看他有多幸运，就应该想到他背后有多努力。

努力的人都是值得被人尊重的，他们的幸运，不是莫名其妙的从天而降，而是坚持努力的结果。

没有什么闪耀夺目的成就是可以横空出世的，你要知道，幸运仅仅只是努力的一个回馈，而不是任何一种与生俱来的天赋。

所有让人羡慕不已的幸运，都是不懈努力后才会在你身上散发出的耀眼光芒。

总有人喜欢问这个问题：什么时候我才能变得和别人一样幸运？

答案很简单，在你用尽力气努力，脚踏实地坚持奋斗的时候，你最幸运。

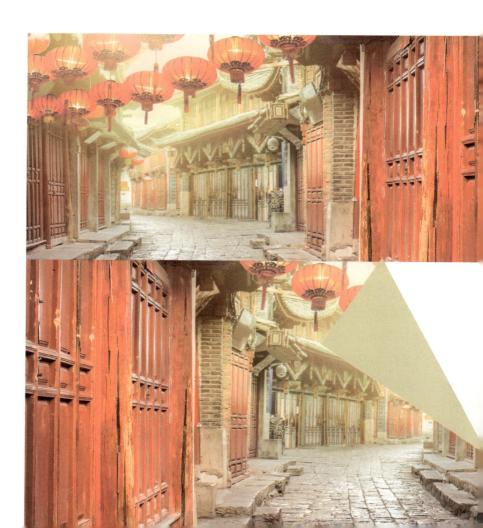

年 轻 时 选 择 安 逸 ，
到老就只能吃更多的苦

01

张欣在微信里跟我哭诉："夏至，我真的感觉自己快撑不下去了，我每天都要六点多早起上班，今天老板娘还和我说，工作一定要卖力一点，午饭时间只用半个小时就好了，剩下的时间全都用来工作，这些天我累得快受不了了……"

"夏至，我真的感觉很辛苦啊，这一定不是我所期待的工作，你说我到底该不该坚持下去呢？"

张欣比我大五岁，前一阵子刚刚辞去了一份还算稳定的工作，从昆明飞到了深圳，历经千辛万苦才找到了现在这份在儿童摄影工作室当助理的工作。

一开始，她辞职后还挺兴奋的，打算放开手迈开腿好好做自己喜欢的事情。自从大学毕业后她就在家人的安排下进了一家事业单位，虽然工资不算很高，但胜在工作轻松，安稳，事少，离家近，身边的朋友都很羡慕她。

可是张欣不喜欢那样简单枯燥的生活，她每天的工作任务少得可怜，用电脑整理好文件后，她就拿剩下的大把时间来和朋友聊天闲谈，或是追电视剧，看小说杂志，又或是逛淘宝。

在她毕业后的那几年里，她的生活几乎没什么变化，谈不上美好，也说不上糟糕，总之那并不是她所喜欢的模样。

平时张欣除了和我们抱怨自己无聊的工作和生活，日常就是到处吃喝玩乐，每次长假她总是要往全国各地飞，玩得不亦乐乎。

除此之外，她还乐衷网购，各大品牌的化妆品和包包买了一大堆，她那不算高的工资几乎全花在买那些没有多大用处的东西上了，沦落为钱包空空的"月光族"。

她之所以辞职离开老家，是因为她受不了自己的父母成天围在她身边催她相亲、处对象，甚至结婚，无奈之下她选择了辞职，从昆明飞到了深圳，决定重新开始。

但别看她辞职得那么果断，实际上她对未来根本没什么打算，只是觉得深圳机遇多，想碰碰运气，换份工作，开始一段和过去不同的生活。

02

张欣到了深圳才发现，生活比她想象中的要艰难太多了。她没有经历过给公司投简历、面试等一系列本该经历的事情，甚至连租房的经历都没有——她辞职之前一直住在家里，过着养尊处优、有父母照顾的生活。

可如今不同，她在深圳连一个认识的朋友都没有，想进一家公司，再也不能靠关系、走后门了，衣食住行她样样都要自己操劳，再也没有贴心的父母跟在她身后帮她收拾烂摊子了。

她在深圳的第一晚就打电话向我诉苦，语气满是委屈和辛酸："夏至，我对深圳完全陌生，在这里人生地不熟的，感觉接下去的生活好艰难啊，我都有点想要放弃了……"

我鼓励她："这还不都是你自己的选择吗？你既然已经做出了这个决定，就好好走下去吧，吃点苦没什么的，谁还不都是这样过来的？"

张欣没再吭声了。

后来，她好不容易才找到了一间和别人合租的房子，投了几十份简历，经过好多家公司面试，最后才总算被一家儿童摄影工作室录用了。

那晚她发微信跟我说："夏至，我现在银行卡的余额就只剩三位数了，我突然发现钱是那么重要，没有钱我连生活都过不好，接下去我只能省吃俭用，勒紧裤腰带过日子了。"

她的语气憋屈难受得很，可在我看来，那真的没什么大不了的——那是每一个毕业生几乎都会面临的处境，生活拮据，工作艰难，日子难捱，只要熬过那段日子，之后的生活便会慢慢好转起来的。

然而，张欣显然受不了那样的苦，一天到晚都在发朋友圈吐槽抱怨，满屏都是"辛苦""难受""糟糕"这样充满负能量的话语。

我和张欣的共同好友小优看到她的朋友圈后，不禁和我聊了起来，在她看来，张欣只是没有吃过足够多的苦。

"想想她过去的经历，你也就不难理解她现在成天叫苦不迭的样子了，在我们临近毕业忙着四处投简历找工作的时候，她悠闲得很，照样吃吃喝喝，因为她家里已经帮她安排好了一切。而在我们忙着找房子，卖力工作的时候，她依旧悠闲自在，因为她工作轻松安逸，父母就在身边，什么都不用自己操心，她享受惯了太多闲适安稳的生活，突然间就要经历辛苦艰难的生活，怎么可能不累？"

小优感慨地说："所以，年轻的时候要多吃点儿苦，多卖力工作才是，年轻的时候太过享受了，到老了就只能吃更多的苦，受更多的累，就好像现在的张欣一样，你看和她一样大的人，哪一个不是工作稳定，生活滋润的？张欣怪不了别人，只能怪自己当初选择的是轻松的生活。"

年纪轻轻的时候就过上了轻松舒服的生活，那么，那些吃苦受累的日子就会在后面等着你，你没办法躲避，只能接受和面对。

03

年轻人要早点远离舒适区，尽早跳出那种轻松安逸的生活，这是为什么？

因为，舒适只是一时的，你在舒适区里待久了，斗志和热血就会被消磨得一干二净，并且，如果你过惯了那种轻松安逸的生活，那么你以后再吃苦受累的时候，就会感到无比不适和痛苦。

就好比你一直都是泡在蜜糖罐子里长大的，糖吃多了，你便对苦特别敏感，哪怕只是微不足道的苦味，对你而言都是难以忍受的折磨。

我还记得上高中那会儿，我们学校管理特别严格，学习强度大，生活紧迫匆忙，为此很多同学都感到不适应，觉得高中的日子黯淡无光，就好像在地狱一般辛苦难捱。

但是我没有感到一点儿不适,因为我从初中开始,就离开家到别的地方上学,过着寄宿生活,而我的初中是一所以管理严厉、学习紧张出名的民办中学。在初中里,学习强度大到让人头疼,用同学的话来说就是我们每天都活在热锅上,要不停地往前奔跑才能度过危险期。

我从初中开始就已经过上了那种辛苦紧张如高中的生活,又怎会轻易抱怨,觉得日子难过?

而我身边的同学初中大都是过得轻松安逸,没有忧患意识,刚入高中时,便成天叫苦不迭,觉得高中生活艰苦辛酸,连学习都让他们头疼不已。

可是,他们除了抱怨和叹息,什么都做不了,只能硬着头皮,咬牙挺过去。

高考之后,一位朋友和我说:"度过了高中那段灰暗难捱的时光,我整个人都轻松起来了,在我看来,年轻时吃点苦是有用的,以前我一遇到事情就抱怨不已,而现在,我开始学会接受和面对生活中的挫折和失败,一个人解决问题了。"

04

我也曾经度过一段非常艰难辛苦的日子,那时候我还不满二十岁,在暑假的时候一个人在南京的一家公司实习,工作辛苦繁重,而工资微薄,我住在一间十几平米的小房子里,和四个人挤一个卫生间。

那年夏天，天气热得要把人烤焦了，我租的房间里连空调都没有，我每晚都大汗淋漓，经常在半夜被热醒，睡觉都睡不安稳。

我的朋友在马来西亚悠闲度假，享受假期的美好时光时，我在办公室，对着电脑一遍又一遍地修改策划方案，老板是一个脾气粗暴的中年人，每次不满意我做的策划，就会劈头盖脸地骂我一通，然后语气凶狠地要我加班重做。

我心里无数次想过要放弃，甚至质疑自己，觉得当初自己一定是脑袋进了水才会到那家公司吃苦找罪受。

但每当我真的想要放弃的时候，我都会在心里鼓励自己：别那么快认输，再撑一天，这点苦算不了什么的，不过是辛苦一点，熬熬就过去了。

就这样，我一天一天地挺了过来，苦吃得越来越多，到最后都习以为常了，那实习的一个月在不知不觉间就过去了。

现在回想起来，我还是忘不掉那个高达 39 度的炎热夏天和那个凶狠粗鲁的老板。那段日子的确特别辛苦，但对我而言却是一段非常宝贵的经历。

它深深磨砺了我，把我锻造得更加坚强，也给了我足够的勇气去面对未来可能出现的大大小小的风波和困难。

我感谢当年那个敢于吃苦，不怕付出努力的自己。

05

其实，生活不是一成不变的，要你吃苦的意思不是让你毫无选择地去做那些辛苦艰难的事情，而是有些时候，你不得不去面对生活艰辛困难的一面，不得不去品尝生活和工作带给你的苦。

年轻时多吃点苦并不能代表什么，因为吃苦本身并不能直接让你成长，那段在艰难时刻吃苦支撑的日子会让你得到思考，让你耐力增强，抗力加倍，一点一点地塑造你。

能吃苦并坚持努力的人，是可以走得很远的。

而那些在年轻时候选择轻松安逸的人，到老了不免会后悔莫及，因为生活对谁都是公平的，那些年轻时没品尝过的苦，会在以后慢慢送到他们面前，他们不能抗拒，只能接受。

我见过太多太多年轻时候过惯了舒适轻松生活的人了，他们老了之后，依旧脆弱不堪，却又不得不去承受之前躲避过的痛苦，最后只能怨天尤人，叫苦不迭。

木心曾说过："那种吃苦也像享乐似的岁月，便叫青春。"我想真是这样的，青春的时候我们总是会甘之如饴地做自己喜欢的事情，哪怕是吃苦受累，也不会在乎。

更何况，年轻时候吃苦总是要容易些，等到年纪大了，做什么都要瞻前顾后，畏手畏脚。

寓言里说，蝈蝈到了秋天依旧在草丛放声歌唱，却不去准备过冬的粮食，到了寒冬，它就只能哆哆嗦嗦地躲在洞穴里，饿着肚子艰辛度日。

希望我们都不要变成那种春夏时享受轻松安逸，到了冬天就只能挨饿受冻、吃苦抱怨的蝈蝈。

二 十 几 岁 时 ，
你活成了什么样？

01

你有没有感到特别沮丧的时候，觉得自己什么也做不好，失望无措，看不见生活里的光亮，郁郁不得志，想要奋力奔跑却又没有向前行走的力气。

你有没有讨厌过现在的生活，反感自己这般不好不坏的模样，害怕未来的自己会一事无成？

你有过这样的经历和感受吗？

我有过。我曾经迷茫，失望，沮丧又难过，感觉生活就像一滩停止不动的死水，未来遥远而没有一丝光亮。

我有目标，有梦想，有渴望的东西与向往的远方，也一直默默努力着，但是付出与得到的显然不成正比，很多时候，我忙忙碌碌，依旧一无所获，然而与此同时，别人都在快速地前进，只有我一个人原地不动，被人超越并落了后。

有一种挫败感，慢慢蔓延了我的全身，渐渐侵蚀我的自信，磨平我的棱角，让我越来越没有奔跑的动力，人生跌落低谷，黯淡无光。

02

身边的朋友则像是我的反面，看着他们一步一步地成长，进步，发光发亮，我感到自惭形愧，愈加灰心丧气起来。

小茜在大学时总是考年级前三，每个学期都拿能奖学金，课余她还积极参加社团活动，和同学开展大创项目，去做不同种类的义工，有时还会做兼职当家教。既丰富了生活，增长了经验，顺带还赚到了生活费。

她是一个会让人眼红嫉妒的学霸，英语超级流利。大一那年她四级六级全都高分通过，学有余力的她还报了雅思班，同时自学日语，她很快便考过了雅思，日语水平也不容小觑，她在大四那年进入一家外企实习，在所有人都在为未来忙碌奔波时，她早就收到了数家大公司的 offer，前途一片光明。

大家都羡慕她，觉得她闪闪发光，未来肯定会是一片光明，我也有些羡慕她，尤其是在和她对比，我发觉自己什么也做不好的时候。

而我在网上认识的 L，在某种程度上，也是一个让人羡慕的，既努力又励志的年轻人。

L 十七岁时开始在杂志上发表文章，她文笔独到犀利，老练得根本不像 90 后，她在网上发表几篇文章后，不仅上了微博热搜榜，还收获了大批忠实的粉丝。

很快，便有多家出版公司找她出书，她签下人生中第一部书稿合同时，才刚满十八岁。她的生活一帆风顺，美好明亮的未来才刚刚开始。

我认识她的时候，她看起来就是一个平凡普通的小姑娘，而现在，她，已经成了畅销书作者兼网络红人了。

03

不是自己不努力，只是看着别人努力成功后，自己便会感到不甘，挫败和无奈。

很多朋友当初都和我站在同一个起点上，没有谁比谁更好之说，只是到了后来，别人走远了，发光发亮，耀眼得连我都快认不出，只剩下羡慕的份儿了。

有一段时间，我满脑子都是失落和沮丧，我不停地叹气，甚至埋怨起了老天：为什么这个世界那么不公平？

明明我也努力了，明明我也奔跑了，可为什么别人成功了，我却没有？为什么别人走得越来越远，我却一直在原地打转。

想起来，我真要变成那种"一步步走向平庸"的人了。

我常常会问自己：你还在继续努力吗，你有变成曾经最想成为的样子吗？

04

很多次我都想到了放弃。放弃写作，放弃努力，放弃挣扎，反正努力与否，结局都不会有太大差别。

没错，我并不是那种乐观得只看得到阳光，因爱笑而有好运气的人，我骨子里有一股说不清的悲观，好在，悲观没有完全打败我。

在看过很多书，走过很多路，经历很多事后，我慢慢从生活的阴霾里走了出来。

我看到了黑暗中的光，看到了希望，看到了生活的本来面貌，也看到了未来的模样。

黯淡无光的生活渐渐远去，我又开始继续努力，脚踏实地的向前。

罗曼·罗兰说："世界上只有一种英雄主义，那就是看清生活的真相后，依旧热爱生活。"

我想，我既然成为不了那种闪闪发光的人，那么就努力做自己的英雄，默默努力，默默前行，做好自己的事，热爱当下的生活。

不再和别人比较，不再沮丧难过，也不再巴望别人的生活。

05

在二十岁后我便觉得离过去那个忧郁渺小的自己越来越远了，我不再是当初那个多愁善感十几岁小孩了。

生活还在继续，梦想还未实现，我依旧努力着，前行着，奔跑着。

"太阳尚远，但必有太阳。"

我还没有放弃写作，慢慢地我的作品被越来越多的人看到，被越来越多的人喜欢。

我开始和出版公司合作，开始和各路编辑打交道，开始写公众号的约稿，开始写第一本书，开始写连载小说，开始向着自己曾经的梦想一点一点前进。

"二十几岁时，你活成了什么样子？"

我常常这样问自己。

我还没有成为自己真正渴望成为的那种人，我不像别人那么聪明，不像别人那么闪耀，不像别人那么厉害，不够优秀，不够独特，不够美好。

可是，没有关系，我还那么年轻，路还那么长，未来还有无数种可能在等着我。

此刻不够好没关系，比不上别人也没关系，重要的是，我已经走在了路上，并一直努力着，前进着。

未来虽然不够明朗，但一定会比现在还要明亮。

就像王小波写的那样："在我一生的黄金时代。我有好多奢望。我想爱，想吃，还想在一瞬间变成天上半明半暗的云。"

现在的我，虽然还远远不够好，还没有活成自己想要的模样，但是我不再犹豫，不再沮丧，不再失望，我觉得自己会永远生猛下去，什么也打不倒我。

二十岁不过只是人生的一个路口，未来的路还很远很长，但我相信，我迟早会看到，那个自己喜欢的自己。

现在摔得灰头土脸，遍体鳞伤也没关系，站起来，甩甩身上的土，笑一笑，又能继续往前了。

年　　　　　　轻　　　　时　　　　　　　，

你凭什么穷得理直气壮

01

　　周末我约小陶和几个朋友出来吃饭，其他人都很爽快地答应了，只有小陶犹豫不决，我打电话问他："你平时不是总吵着嚷着要和朋友一块聚会吃饭吗，怎么现在我们有空了，你却不想去了？"

　　小陶叹着气，说出了缘由："我不是不想去，只是我把这个月的生活费都花光了，怕是没钱出去吃喝玩乐了。"

　　看他那么可怜，我心一软，就答应请他吃饭，不用他掏钱，只要以后他发了工资再回请我就好。

　　听到我的话后，小陶非常高兴，立马答应了周末和我们一块聚会吃饭。

　　周末那天，我让小陶点自己喜欢的菜，他倒是不客气，专挑那些贵的菜来点，有朋友建议他少点一点，他却坚持多点些菜，生怕我们吃不够。

　　我们一边吃饭一边聊天，直到大家吃得很饱了，那一桌菜还剩下不少，小陶倒也没在意，自顾自地拿着牙签剔牙。

　　有朋友提议吃完饭大家一起去 KTV 唱歌，大家都没什么意见，小陶则在我耳边小声说："你能不能帮我出钱，我也想和大家一起去唱歌。"

　　我自然是没有拒绝他，那天我们唱了好久的歌，小陶唱得还挺尽兴的，唱完歌后大家又去吃起了烧烤，小陶一边吃着烤串，一边问我："你能不能再借我 500 块，你知道的，我现在成月光族了。"

　　看着他那副委屈诚恳的模样，我有点不忍心拒绝，毕竟大家都是朋友，也不好伤了和气，然而就在我准备答应他时，坐在我身旁的朋友大通直白地问他："小陶，你今天聚会唱歌什么的都是夏至帮你垫的钱，怎么还想借他的钱？你的工资都花哪儿去了？"

　　小陶似乎有些生气了，"大通，我又没问你借钱，你管那么多干嘛？我的工资本来就不多，用光也是很正常的事。如果这个月借不到钱，我就要喝西北风了。"

　　大通语气直接地回应他道："你找谁借钱我确实管不着，但你的态度我看不惯了。你都多大的人了，还要依靠别人，四处借钱，工资不够花，那是你自己的事，你凭什么穷得那么理直气壮？"

<h2 style="text-align:center">02</h2>

　　那晚大通和小陶闹得不欢而散，小陶没敢继续向我借钱，他低着头，委屈又憋闷，像是被大通的话击中一般，显得格外沮丧。

　　大通和我说："虽然大家都是朋友，但我觉得你不该一直借钱给他，这样会让他对你形成一种依赖，一有问题就找你解决，不仅会给你带来困扰，还会让他不思进取，无法真正独立。"

　　我很赞同大通的观点，小陶虽然工作有一段时间了，但还是无法做到经济独立，这是他自己的问题，可他不仅没有想办法解决，还一味依靠别人，四处找朋友借钱，真是穷得理所当然。

大通说："年轻时，谁都会经历一段贫穷难捱的日子，没有谁是可以一直依赖别人的。穷不可怕，可怕的是你明知道自己穷还不努力工作，不思进取，浑浑噩噩，穷得那么理所当然！"

小陶每月工资 4000 元，虽然不算多，但也勉强能够维持生计了，他之所以成为"月光族"，是因为他不懂得理财，月初的时候大手大脚，花钱如流水，丝毫不懂得珍惜，等到了钱花光时，也没有想办法赚钱，而是四处找朋友借钱，等到下个月发工资后，他又继续不理性地消费，不仅花光了钱，还欠了一屁股债。

成为这样的"月光族"，你还能怪谁呢？

要怪都只能怪你自己！

03

生活中有太多这样的"月光族"了，工资低，赚钱少，其实都不是什么大问题，毕竟普通人都是这样一步一步走过来的，大家经历过贫穷和孤独，慢慢积累，不断努力，才能走得更远，站得更高。

年轻时候的贫穷不应该被人嘲笑，真正值得反思的是那些不仅穷还穷得理直气壮的年轻人。

他们往往工资不高，又不努力赚钱，不理性消费，更不擅长理财，花钱大手大脚，没钱不自己想办法而是转向身边的朋友、同事，或求助家人，穷得没有底气，越穷越理直气壮，还嚷嚷着"反正我还年轻，穷也无所谓"。

年轻时，你真的能穷得无所谓吗？

不，年轻时你可以穷一阵，但你不可以不思进取，不努力不拼搏，只想着依靠别人而不提升自己，穷得理直气壮的结果就是你越活越穷，不仅年轻时，你以后都会一直穷下去。

曾认识一个朋友，他毕业后没有急着找工作，而是四处旅行，玩得潇洒快活，在生活中一旦没钱了，就赶紧打电话给家里，让父母给他卡里打钱。

他就是一个名副其实的啃老族，经济无法独立，都长那么大了还依靠父母，最后他把父母积攒的存款挥霍光后不得不找了份工作，工资不高，只能勉强维持生计，可他改不掉大手大脚的毛病，穷得理直气壮，没钱了不是逼着父母要钱，就是向身边的朋友借钱。

后来，他身边的朋友都渐渐疏远了他，因为他不仅穷，还没有上进心，只懂花钱而不会赚钱，甚至穷得理直气壮，过得舒服轻松，却从未真正为自己的未来努力过。

04

二十岁的时候，或许你都掏不出一百块，每次旅行都是穷游，平时不敢打的，生活拮据，不得不省吃俭用，连朋友聚会都要考虑好久——这种穷，大多数人都曾在年轻时经历过，没什么特别的。

那种明明工资不高，还不努力赚钱，有钱时花钱如流水，没钱时就依靠别人，从没想过开源节流，穷得理直气壮的人才是应该反思和羞愧的。

作为一个成年人，我们都必须对自己负责，并且学会独立生活，不再依赖父母和朋友，努力工作，尽早赚钱实现经济独立，过上自己喜欢的生活。

别人是"穷且益坚，不坠青云之志"，你别是"穷而不思进取，穷且理直气壮"！

年轻时穷一阵不要紧，在你没钱的时候，不要穷得心安理得，也不要想着依赖别人，与其指望别人，不如努力工作，认真拼搏，用自己的双手创造财富，多多赚钱，学会理财，积累储蓄，早日过上经济独立的生活。

世界凶猛，
祝我们永远强悍。

要想成为脚底生风，被人羡慕的战士，就必须摸爬滚打，咬牙坚持走过生活的一道道难关啊。

你只有好好生活，微笑面对全世界，才算没有辜负自己。

在二十几岁的时候没有认真真的年轻过，那么到了真正老的时候，一定会留下遗憾，一定会悔不当初。

你所有为偷懒找的借口，最后都会变成在前方挡路的绊脚石。

Part 4

你只是担心所有人
都过得比你好

你只有好好生活，
微笑面对全世界，
才算没有辜负自己。

抱　　　　　　　　　　歉　　　　　　　　　　　　，
你已经过了耍赖偷懒的年纪

01

小周三个月前从公司辞职了，辞职后他并没有马上找新工作，而是待在出租房里。要不宅着玩一天游戏，要不就躺在床上追剧和看电影，饿了就点外卖，一天到晚吃喝玩乐，生活那叫一个安逸。

小周就这么浑浑噩噩生活了两个星期，直到房东打电话通知他交房租，他才发现自己的银行卡里只剩下不到两千块钱了。

他愁得饭都吃不香，觉也睡不好了，可是他这个人好面子，不好意思再向家人伸手要钱，于是四处找朋友借钱，好交上房租并维持日常生活。

当小周找到我时，我正在忙着修改一份急用的稿子，听到他着急的语气，我才停下工作和他谈起来。

小周支支吾吾地说："夏至，我前一段时间辞职了，现在手头有点紧，过一阵子我还得交房租……你能不能借点钱给我？"

我心想借钱可以，但必须弄清楚他的状况，于是就问他："你上一份工作不是干得好好的吗，为什么突然辞职了？"

他重重叹了一口气，说："唉，你就别提了，我上一份工作太繁重了,一点儿也不轻松,上司盯我盯得紧,总是在开会时批评我迟到偷懒,我也没觉得我做错什么了,偶尔犯点小事不是很正常吗?那天我实在太累了就在办公室睡了过去,结果被老板大骂了一顿,我一时冲动就辞了职……"

"那你辞职后怎么不赶快找工作?"

"找工作多累啊,我就想先放松放松,过一阵舒服日子,上班对我来说实在太痛苦了,我想偷会儿懒。"他说得很是轻松,仿佛自己什么也没做错似的。

听完他的话后,我算是弄明白了,他之所以沦落到今日这般田地,全都是咎由自取,他怪不得别人,要怪就只能怪那个总想要赖偷懒,又不肯努力工作的自己。

02

想必很多人都在小时候偷过懒,觉得写作业不如看动画片有趣,就把应该写作业的时间用在看动画片上,到了该交作业的时候就随便想出一些借口,或是要赖说没记住老师布置过作业这回事,敷衍了事。

小时候总感觉偷懒要赖没什么要紧的,反正最多被父母老师批评几句,忍忍就过去了,后果没有那么严重,于是我们总会习惯性地偷懒要赖,得过且过,舒服轻松地过日子。

现在想想,这种日子看似美好悠闲,实则充满危机,让我们越来越糟糕。

更重要的是，你不是小孩子了，作为一个成年人，你必须学会对自己负责，那种偷懒耍赖的生活，彻底与你无缘了。

"抱歉，你已经过了可以耍赖偷懒的年纪！"

或许你会觉得这样说很残酷，可这就是现实。

作为成年人的我们，必须要接受这样残酷的现实，并通过持续不断的努力和拼搏，才能真正过上自己想要的生活。

没有人能够帮助你，能帮你的人只有你自己。

03

越是年长，你就越是不能偷懒耍赖，你该吃的苦一口都不能少，你该走的路一步都不能少。

奕奕的家境不错，父母都在大企业上班，拿着优渥的薪水，所以奕奕从小到大都过着衣食无忧、舒服安稳的生活，直到奕奕到外地上了大学，父母不能跟在她身边照顾她呵护她时，她才明白自己应该学着长大，尝试着独立起来了。

奕奕父母对她说："你过了二十岁，就已经算是成人了，我们帮不了你什么了，你要自己去打拼，去奋斗，你想过什么生活，想要什么东西，都全得靠你自己努力了。"

奕奕明白，父母不能永远陪着她照顾她，她已经成年了，必须学会独立坚强，不能像小时候一样偷懒耍赖，过舒服日子了。

为此，奕奕在大二时不再向父母伸手要生活费，而是通过兼职赚取生活费。

在她的舍友都窝在宿舍里追剧追星和玩游戏时，她做了一份又一份兼职，她曾在商场里做过导购员，曾在咖啡厅里当服务生，曾在大街上向路人发传单，曾扯着嗓子向别人宣传产品……

奕奕在勤快地做兼职的同时，也没落下学习，她每个学期都能拿到奖学金，那些钱除掉生活费，往往还剩下一些钱，她将那些钱存起来，攒够了路费就去各地旅行。

她舍友却不理解她的做法，在她们看来奕奕这么做没什么意义，而是在折腾自己。

"你又不缺钱花，为什么要出去兼职？你这不是折腾自己吗？你要有那功夫还不如窝在宿舍里，和我们一起追剧聊天，好好睡一个舒服懒觉呢！"

面对舍友的这番话，奕奕淡淡地说："我现在已经过了可以偷懒要赖的年纪了，我要趁自己还年轻，多去经历一些事情，不断努力，不断成长。"

后来奕奕在大三那年就进入了一家名企实习，大四后成功转正，与此同时，她那些偷懒惯了的舍友都在忙不迭地投简历、找工作，日子不再轻松舒服，还让她们头疼烦心。

04

有人说：年纪越大，就越没有人体谅你的穷。这句话可以说是既戳心又现实了。

年轻时，大家都不可避免会穷上一阵子，可等你不再年轻，你就没有任何借口去回避现实了。

年轻时，别人卖力工作，努力拼搏，加班干活，挤地铁挤公交，早出晚归，累得不成人形却坚持前进，只为早日实现自己的梦想，而你呢？

你在年轻时干了些什么？

学习不认真，上班时偷懒，游手好闲，得过且过，不好好工作还总是做白日梦，平时总喊着要实现梦想但就是不肯付出行动，羡慕别人却又贪图舒服安逸的生活，吃不了苦受不了罪，没有好运气却有坏脾气，做什么都嫌累嫌烦……

到头来，你工作不顺心，升职加薪无望，生活糟糕，处境艰难，还穷得要死，就只能眼巴巴地望着那些光鲜亮丽的人，抱怨自己为什么没有好运气——这样的人生实在是可悲。

为了避免陷入这样糟糕的人生困境，希望你能早点明白，你已经过了那个可以耍赖偷懒的年纪了。

你不能拒绝吃苦，也不能再混日子了，你不能不努力工作，也不能贪图安逸了，你要想未来的生活舒服轻松，现在就必须奋斗拼搏，不断前进。

吃 得 了 苦 扛 得 住 压，

世界才是你的

生活残酷而现实，希望你勇敢无畏，用努力和忍耐去化解人生路上
一道又一道的难关，持续奔跑，不断成长，向你期待的远方一步步走去。

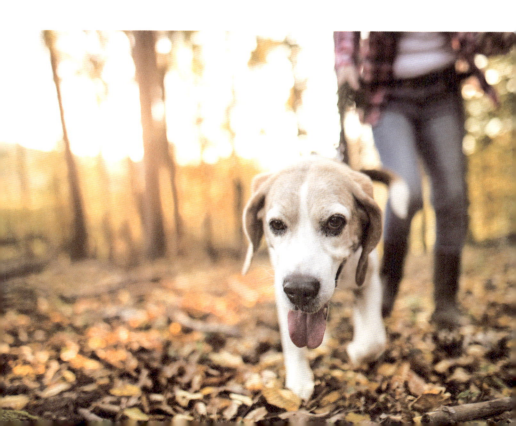

比聊天更重要的是，
你选择的聊天对象

01

表弟最近心事重重，烦恼不断，本是一张乐天派的脸变成了绿不溜秋的苦瓜。

我关心地问他到底怎么了，然后他便收不住话匣子一个劲儿地和我倒苦水。

"我同学都不爱搭理我，说我是个'闷木头'，大家都不爱找我聊天，最近我都快无聊死了。"

表弟郁闷地说着，叹了一口气："表哥，你说我该怎么办才好？你教教我和别人聊天的技巧吧，我这人确实挺不擅长聊天的。"

我想了想，问他道："你和别人一般都聊什么话题？你同学又聊什么？"

"我和他们聊我最喜欢的游戏、电影和动漫，可是他们总是不太感兴趣，他们喜欢的我又搭不上话，平时人家问我有关学习的问题我也不太会回应，我觉得自己好笨。"

原来，表弟所在的班级是全年级最好的重点班，班上的学生大都是一心只读圣贤书的学霸,心里惦记的只有分数和学习,哪里有功夫搭理爱玩爱闹的表弟呢?

于是,我回了他一句:"没事,你不必把这些事情放在心上,他们只是和你没有共同话题罢了,你要是闲着无聊,换个人就好了。至于聊天的技巧,我觉得因人而异,还是自然就好。"

02

过去,我也不太会聊天。我是那种说话很闷,和别人聊几句就没下文的人。

不过我从来不觉得我应该为了交际而硬逼着自己掌握那么几十种聊天技巧,"见人说人话",变得八方玲珑,左右逢源不是我的追求。

必须要承认我这个人不太喜欢聊天,尤其是和那些我不感兴趣或我讨厌的陌生人聊天。那种感觉真的很糟糕,特别违心,哪怕我硬挤出笑来也勉强得很。

我不太会讨好别人,也不愿意一直勉强自己。

酒逢知己千杯少,话不投机半句多。

能和我聊得来的大都是我的朋友,知根知底,我欣赏并喜欢他们,和他们聊天时,我会变得格外健谈,彻底放开,哪怕说个三天三夜,不眠不休我也愿意。

可要是和一个我反感、不熟或讨厌的人聊天,我只能选择微笑和沉默。他们问我,我便尽力作答,做到礼貌、客气,但不会很亲切随和。

毕竟，除了工作外，在日常交际中，我实在装不出一副笑眯眯的样子去迎合别人，那样的话我都会讨厌我自己。

03

曾有人在私下里和我交谈，说某某又在背地里说我的坏话了，说我高冷、傲慢，甚至难以接触。

那个某某是一个我完全想不起来的陌生人，我和他没有多少接触，彼此都不甚了解。

面对这样一个人，你还要我怎样温暖、亲切，难不成要我像对一个多年的知己一样大笑着高谈阔论？

世界上会聊天的人太多了，他们可以毫无顾忌地和别人谈天说地，可以嬉皮笑脸地和陌生人开玩笑，可以和谁都打成一片，可以随时随地都露出笑脸，可以温柔体贴地关心并靠近所有人。

这样的人有，甚至很多，可是对不起，我做不到那样。

我不太会交际，不善言辞，不喜欢故意迎合别人，不喜欢和不熟的人聊天，不喜欢面对尴尬的处境。

我的笑容、我的温暖、我的热情是用来留给那些我爱的人，我不想为了那些不相干的人而浪费感情。

04

　　每次和人聊天，不管是谁，我都会尽自己所能做到礼貌、客气和大方，我已经尽自己所能了，至于别人怎么看我，我都是不会介意的。

　　聊天或许会有很多技巧，但我觉得能够正常和人沟通交流就够了，那些阿谀奉承的聊天套路我不想去学。

　　在我看来，聊不聊得下去是你的本事，可聊不聊得来却是我的选择。

　　很多人都遭遇过这样的时候，不想笑着和某人聊天了，因为他无聊、幼稚、没劲、惹人厌，在这种时候，为什么还要勉强自己笑着聊下去呢？

　　你只要真诚礼貌就好了，不用太过拘谨，也别太用力了。

　　为了避免这种窘境，我一般都会选择性地和别人聊天，若可以深交，那我便会带着欣赏的目光，大大方方和对方聊下去，如真的不适合，勉强也接受不了，那干脆就中止聊天，点到为止，不至于让两人都尴尬。

05

　　我一直认为，聊天最重要的是聊天的对象，而非纯粹的内容和技巧。

　　在日常工作中难免有人际交往，吃饭应酬更是常有的事儿，在那些觥筹交错的场合里，聊天是一件带着明确目的的事，哪怕你再不喜欢，也要勉强自己和陌生人交谈，因为那涉及到利益，你不得不去做。

　　可到了生活中，除了维持一些必要的人际关系，你真的没必要整天勉强自己去和不喜欢的人聊天，有些话说明白就好，不必深谈。

和喜欢的朋友聊天，哪怕是和我聊星星聊月亮我也会感到高兴，和不对头的人聊天，哪怕他说话有多好玩多有趣，我还是打不起精神，只会客气礼貌地回答他问题。

聊天对象才是你能否聊下去的根本，而不是那些所谓的聊天技巧。

和朋友小糖聊天，我总是很惬意，因为她了解我，知晓我的心思，也深深地理解我。

小糖虽然个性活泼，开朗可爱，平日里大大咧咧，可以没心没肺地说话，但她不会对每个人都像对待我们这群朋友一样。

她和我说："和你们聊天的时候我总是感觉很自在，因为我没有包袱，没有拘束，不用考虑太多，也不用计较太多，在你们面前，我才是那个最自然的自己。"

我和她谈起别人在背后说我的坏话时，她倒是看得很开，安慰我说，"那又有什么关系，我们都了解你的，你不用勉强自己做不高兴的事，那些人能和所有人聊好天又有什么了不起的，你有我们啊，和我们聊天，一个人就可以抵一百个人！"

我笑着说："嗯，你们对我就是好。"

确实，比聊天本身更重要的是聊天对象，如果你遇到对的人，那么所有的聊天技巧便可以统统作废了。

或许你可以学会如何和别人沟通交流，聊一个很长很长时间的天，但是那又能怎样呢，我和自己喜欢的朋友聊天，哪怕只有短短一分钟，我得到的快乐都能让我高兴一整天！

吃 得 了 苦 扛 得 住 压，

世界才是你的

　　其实，你选择的聊天对象才是你最应该认真考虑的，无关你是否会聊天，在一个你讨厌反感的人面前，无论怎么勉强，聊天都是一种折磨，而在一个你欣赏、喜欢又亲密的人面前，哪怕你再词穷再不善言辞，也会感到踏踏实实的舒服。

对　　　　　　不　　　　　　起　　　　　，
我只能短暂地陪你一辈子

　　电影《一条狗的使命》是一个关于狗的故事，故事以这条狗的视角展开，它一直努力地寻找生命的意义，为此转世轮回了一次又一次。

　　它有一句独白是这样的："我们为何存在于此，所有的这一切都有意义吗？还有为什么垃圾箱里的食物更好吃，这是我，然后这是我，我以这个小家伙的形态重生，一条狗，很多命，但是我在超越我自己，让我们从最开始讲起。"

　　它一次又一次发问："生命的意义是什么？我们为什么会在这里？我们在这世界上会有意义吗？"

　　为此，它开始了一段段寻找使命的旅程。

　　在它有清楚意识的第一次转世，它作为一只金黄色的猎犬遇见了喜欢自己的主人——小男孩伊森。

　　伊森很喜欢它，所以不顾父亲的反对坚持留下了它，还给它起了名字——贝利。

　　伊森和贝利有着浓厚的感情，它们一起玩游戏，一起追逐打闹，一起抱着彼此睡觉……

　　伊森和贝利之间有一个只有它们知道的秘密动作——当伊森将橄榄

球抛到空中后迅速蹲下身子让贝利越过自己的身体飞快地衔住橄榄球，这是他们之间表达彼此信任的方式。

然而，贝利虽然有灵性，但作为一条狗的它还是无法理解人类的规矩，因此将很多事情弄得一团糟乱。

它搞乱了伊森父亲的房间，吞下了珍贵的纪念币，还因为伊森的使唤弄翻了整张饭桌，让伊森父亲邀请的上司夫妇不满而归——伊森父亲为此对贝利有了怨恨，觉得是它搞砸了自己的升职机会，于是将它锁在仓库里，不让它进入房间。

还好，聪明的贝利灵活地从破旧的窗户中钻了出来，费了好大劲儿才回到伊森的房间。

时光匆匆，大约过去了十年，伊森成长为一个帅气的青年，在学校橄榄球队参加比赛，成绩非常不错。

然而他的同学中有一个非常嫉妒伊森的人，他总是千方百计地挖苦伊森，想让他出丑，可每次都弄巧成拙。

在游乐园里，伊森对女孩汉娜一见钟情，而贝利也帮助他们彼此增进感情。在贝利看来，他们爱着彼此时就会散发一种奇妙的"汗味"——它不懂人类的情感，却也知道伊森是喜欢汉娜的，就像它一样。

与此同时，伊森父亲变得越来越消沉，他工作不顺，酗酒成瘾，还经常对伊森的母亲大喊大叫，甚至拳脚相向。伊森长大了，不再畏惧父亲，而是让他离开这个家，因为他不想看到母亲受到任何伤害。

在学校橄榄球大赛中，伊森带领校队取得了胜利，而他也因此得到了密歇根大学的全额奖学金，一时风光无限。

那个嫉妒他的男生一时冲动，将燃烧的炮竹偷偷扔进了伊森家中，造成了一场大火。

贝利第一个发现着火，它急急忙忙唤醒了熟睡的伊森，然而火势越来越大，而他们的房间又都在极高的二楼，伊森将母亲和贝利成功救下楼下后，自己却摔倒在地，右腿不幸被屋檐砸中。

从此，伊森的腿瘸了。

他没有资格保送去密歇根了，也不再和汉娜像以前那样相处了，他回到了外婆的农场中，消极地生活着，也不再对贝利那么热情，不再和它追逐嬉戏，不再和它玩橄榄球的游戏。

曾经，伊森亲切地叫贝利"狗老大"，如今他却失落得不想再黏着它。

伊森开车独自去城市上农业大学，贝利为了他，衔着那只橄榄球跑了很远很远的路，从一大片稻田里跑向了他。

伊森虽然很感动，却还是没有将贝利带走。

在那之后，贝利也越来越老了，它身子开始虚弱，开始变得迟钝，开始对一切都提不起兴趣，开始发困，总是忍不住闭上眼睛……

在兽医院里，伊森见到了它最后一面，伊森几乎是哭着在喊它的名字："贝利，贝利！狗老大，狗老大……"

可惜的是，狗的寿命如此短暂，贝利看着伊森，只觉得他非常伤心，它很想像过去一样逗他开心，却发现自己已经没了力气……

它的双眼开始变得模糊，慢慢地，它失去了意识……

它再次醒来时，仍有过往的记忆，只是这一个转世，它不再是贝利，而是一只缉毒犬。

它的主人是一个警察，一脸正派却不苟言笑，不过，它还是很喜欢这个主人，于是总想着办法逗他开心。

这一世，它的使命是帮助人类破案，缉拿坏人，为社会做出贡献。

在一个案件中，它勇敢地跳入水中救起了那个落水的女孩，还为主人挡了歹徒的一枪，而它也因为这一枪，再次告别了人世……

第三个转世，它变成了一只可爱的柯基犬，陪着一个单身黑人女青年。

它像是和女主人有心灵感应似的，总是能够猜到她想要点什么外卖，直到女主人和喜欢的人结婚，然后生了三个孩子……

它一天天老去，不再奔跑，不再打闹，直到某天，它听见女主人在深情地呼唤它，可是它却已经没有办法做任何回应……

第四个转世，它变成了一只无家可归的流浪犬，它被一个女人收养回家，却得不到男主人的喜欢，只能待在院子里，被链子拴住的它，哪里也去不了。

日复一日，男主人一气之下将它扔到了街上，它变成一只流浪犬，不想回到那个不属于它的"家"中，于是它开始四处流浪……

幸运的是，它闻到了一股以前非常熟悉的味道，它寻着那个味道，一直跑到了记忆里的那一片金黄色的麦田中，终于又一次见到了他的主人——伊森。

此时的伊森已经年老，他依旧和以前一样固执，并且没有结婚，一个人待在外婆的农场里，孤独地生活。

它看到伊森后，忍不住想要告诉他，自己就是贝利，就是当年的那个狗老大！

……

在故事的最后，伊森和它在草地上，像以前一样做出了只有他们彼此才知道的那个动作——伊森将橄榄球抛到空中后迅速蹲下让贝利越过自己的身体飞快地衔住橄榄球。

伊森简直不敢相信，眼前那只陌生的狗竟然是陪伴了自己很久的贝利，他喊着："贝利，贝利，狗老大，狗老大……"

看到结局，我忍不住落下了泪。

朋友更是哭得不成样子——她也养过狗，也曾经和狗分离过，她明白那种失落，那种痛苦，那种伤心。

电影里有很多让我感动的地方，温暖而煽情，总是让我忍不住湿了眼眶。

伊森离开了贝利，贝利感到不解，它说："人真是复杂，总是要做狗都不明白的事情，例如，离开。"

虽然贝利经历了一次又一次转世，变成了不同的模样，但是它很享受这个过程，它一直觉得抚慰人心的感觉真好，哪怕是不同的主人，它也会在短暂的时光中陪伴他们。

狗是人类最忠实的朋友，它通人性，善良温顺，聪明友好，可是，它却仅仅只能陪主人度过十几年光阴。

那短暂的十几年时光，对人类来说，或许并不算漫长，而对于狗来说，却是它的一生。

贝利的四个转世，虽然不尽相同，但它却始终记着伊森，四个轮回后，它依旧像最初那样，坚定地走到哪怕已经白发苍苍的伊森面前，想和过去一样，守护他一辈子。

"原谅我，我只能短暂地陪你一辈子。"

你的十年不过短短一瞬，但对于我而言，却已经是我漫长的一生。

我看着你从男孩变成少年再变成大人，却无法一直陪着你，无法和你分享喜怒哀乐，无法永远待在你身边。

正如贝利内心的独白："如果我可以让人们微笑，那就是我存在的意义。"

所以，无论它经历了多少个转世，依旧记得主人，依旧想让主人得到幸福。

或许，在狗狗眼里，主人的幸福就是自己的幸福吧。

我觉得，虽然狗无法像人类一样说话，但它始终是通人性的，它很聪明，可爱又忠诚，有着我们不知道的一面，它是我们的朋友，也是亲人，更是家人。

养一条狗，不该仅仅只是因为一时喜欢，你要对它负责，你要付出时间、关心和爱，不能只把它当成一只宠物，而应该把它当成朋友，甚至是家人。

虽然狗狗只能短暂地陪我们度过十几年时光，但它带给我们的陪伴

和记忆却是始终明亮而温暖的。

很喜欢贝利最后的那一段话，它经历了四次轮回，终于明白了那个问题的答案，也找到了自己生命的意义。

它说："要开心，要做力所能及的事情，要竭尽全力的去帮助别人，舔你爱的人，对过去的事不要一副苦瓜脸，对未来也不要愁眉苦脸，只要，活在当下。"

是的，无论如何，都要记住，活在当下。

你 不 是 害 怕 聚 会，
只是担心所有人都过得比你好

01

过年前在高中微信群里看到班长 @ 全体成员说："我想在年前举办一个同学聚会，毕竟大家都那么久没见面了，这次趁着放假赶紧约起来，大家都有空吗？"

群里很多同学都在"潜水"，部分同学的委婉的出来发言，要不就说有事要忙，要不就是不打算回老家，总而言之能参加聚会的同学寥寥无几。

我那段时间要完成繁重的任务，实在脱不开身，于是也向班长说了自己不能去聚会，班长看到我的消息，发了一个表示无奈的表情。

"唉，毕业之后我们班好久没有组织一次大的同学聚会了，不是你忙就是他忙，大家都有各自不来的理由或借口，真是让我难过。现在想想，还是我们高中那会儿好，朴素单纯，大家涉世未深，彼此坦诚，都没有什么心眼，哪像现在，连聚个会都要考虑再三, 哪怕有空也硬要说是没空。"

我很理解班长的感受，不过他说的话句句在理，我实在是无法反驳，只好安慰了他几句，说等有空了再聚聚，办不成大派对，小团体聚会还是可以的。

班长回复我一句"好的"，就再也没和我聊天了。

隔天我看到他发了一条朋友圈说："友谊都是有保质期的，而有些人真的只能陪你一程，过了这个路口，大家都说散就散了。"

02

大通在年前也收到了好多同学聚会的邀请，有小学同学、初中同学和高中同学的，一堆聚会邀请在各个群里炸开，本来和多年未见的老同学见面是一件值得高兴的事情，可到了大通这儿，却成了一件让他感到困扰的烦心事。

我纳闷地问他："同学聚会不是很好吗？又能放松心情缓解压力，又能和老同学见面谈心，不是一举多得吗？"

大通皱着眉："哪有，在我看来同学聚会就是一场鸿门宴，不仅没法让我开心，还会让我心烦意乱。我现在已经找借口推掉所有同学聚会了，假期里我决定好好窝在家里，就不出去凑热闹了。"

我对他的做法表示不解，便追问他缘由。

大通叹着气说："第一，我不想去参加同学聚会是害怕花钱，要知道所有班长都花了心思筹划同学聚会，吃喝玩乐都是要花钱的，如果我都去参加，我一个月的工资就要泡汤了。第二，我害怕在同学聚会上见到老同学们过得比我好，那样我会感到尴尬又惭愧，搞不好还会丢脸。"

他顿了顿："所以说，我最好的选择就是找借口不去参加聚会，我还是等哪天过上自己渴望的生活，再去参加吧。"

大通的话让我明白了大多数找各种借口去避开同学聚会的人心里的想法，其实他们又何尝不乐意去参加聚会，见一见多年未见的朋友，一起吃饭喝茶聊天呢？

他们不是真的不想去，只是他们不愿意在聚会上看到所有人都过得比自己好的场景。

03

人难免好面子，我们那颗强烈的自尊心总是使我们保持压抑状态，无法向别人敞开心扉。

试想一下，你在毕业多年后参加了同学聚会，在觥筹交错间，你得知了阔别已久的老同学的现状，难免会回忆起那些青春年少的时光，心中有无限的感慨。

你当年的同桌由一个身材臃肿的小胖妞摇身一变成为时尚苗条、受人欢迎的女神，而自己的身材却越发臃肿，不复青春。

当年说好要陪你一起单身的闺蜜如今已嫁给了心上人，生活得幸福美满，而你却不曾谈过恋爱，总是孤独一人。

当年睡在你下铺的好兄弟开了公司，月入十万，赚得盆满钵满，而你却依旧在一家小公司里混着，拿着微薄的工资，生活拮据。

当年成绩差得一塌糊涂的同学如今成了网络名人，被许多人羡慕和喜欢着，而你却还是原来那副老样子，默默无闻，一事无成。

在一个圈子里，人难免都会互相比较，而这一比较就会看到彼此之间的差距，从而产生自卑和失落感。

在同学聚会上，当你看到所有人都过得比你好，而你什么都不如别人时，你怎么可能不自卑，不难过，不挫败呢？

到了那个时候，你心里肯定会冒出一万句"我当初为什么要答应来参加同学聚会"，你一定会在心里羡慕又嫉妒那些实现了梦想，过上了你所渴望的生活的同学们，并一遍又一遍向上天抱怨道："凭什么？"

凭什么那个以前颜值不如我高的土妞摇身一变成了女神？

凭什么高中时代那个没人追的女孩嫁给了男神，而我却没人喜欢？

凭什么那个以前借我作业抄的家伙开了公司，而我累死累活却还是赚不到钱？

凭什么当年那个不被老师看好的同学成了闪闪发光的名人，而我却混得落魄不堪？

凭什么？凭什么！

04

有人说：我希望我的同学们都能过得好，但就是不能过得比我好。

很多人都被这句话深深戳中了心，而现实也的确如此。

那些找着各种借口不想去参加同学聚会的人未必是真的没时间，而是担心看到所有的老同学都过得比自己好。

如果真是那样，自己就会感到尴尬、自卑、失落和难过，觉得生活真是不公平，大家明明都是站在同一起跑线出发的，为什么有些人很快就抵达了终点，而自己却依旧在原地打转——攀比之后，很多事情都会让人感到失望。

然而，那种因为看见了别人的好就自惭形秽的心情并没有什么用，它只会给你带来焦虑和失落而已。

你与其抱怨"凭什么"，不如多问问"为什么"。

为什么别人能够减肥成功，瘦成女神？

那是因为别人有毅力和耐心，坚持运动，控制饮食，才有那么好的身材。

为什么别人能够开公司，自己当老板？

你看到了他在人前的光鲜亮丽，也别忘了他曾为了创业付出多大的努力和心血，成功来之不易，一切都是需要付出代价的。

为什么别人实现了梦想，过上了闪闪发光的生活？

每一个实现梦想的人都曾经历过一段痛苦艰难的日子，闪耀背后也蕴藏着无限心酸，你羡慕别人的成功，却没有付出和别人一样的努力，那你注定无法实现自己的梦想。

我们活在这个世界上，难免要和各种各样的人打交道，互相比较在所难免，而朋友圈也相当于一个小型社会，你看到了别人夺目耀眼的瞬间，必然会意识到自己的黯淡无光。

然而，你不该为此过多纠结烦心，毕竟别人的生活始终是别人的，与你无关。

如果你不想羡慕和嫉妒别人，那你就加倍努力，付出更多的汗水，努力去过上自己喜欢的生活。

希望你在下一次同学聚会时，不会因为看到生活优越的同学就自惭形秽，也不会因为看到蜕变成功的老友就心生嫉妒。你不必担心所有人都过得比你好，你只要好好努力，认真过自己的生活就好了。

你 讨 厌 的 不 是 过 年 ，
而是那个不够好的自己

01

网上有一个段子是这样说的：你永远也不会知道，春节回家要面对那些七大姑八大姨们的奇葩问题到底是什么。

我看到这句话的第一反应是，这话说得可真对。

长大后，我确实不再像小时候那样期待过年了，过年免不了交际应酬，本来和亲戚见面并不是坏事，但这些年来我慢慢发觉，那些亲戚们仿佛变了一个模样，不再像过去那样和蔼可亲，也不再温和讲理，他们打着"为我好"的旗号，站在了一条与我完全对立的战线上，像是卯足劲儿要看我出丑难堪才好。

他们的问题五花八门，从最初的成绩、排名，到现在的就业和婚事，真是为我们操了不少的心。

"你这学期期末考了年级第几名？"

"你高考考了多少分，超出重点线多少呀？"

"你高考志愿填了吗，清华北大有没有希望啊？"

"你大学专业怎么样，好找工作吗？"

"你交女朋友没？谈过几场恋爱了？"

"工作找到了吗，工资多少，有没有五险一金？"

"对象找着了吗，房子什么时候买，你什么时候领证结婚？"

"你打算什么时候要小孩？要不要生二胎？"

"……"

这些七大姑八大姨们的问题好像无穷无尽，这些问题都能问得你哑口无言，不知所措。

面对战斗力惊人的他们，我真想翻个华妃娘娘似的白眼过去，要不是碍于情面，我才不会那么畏畏缩缩，毕恭毕敬。

02

晨晨和我一样，也越来越不喜欢过年了。

尤其是她这种适婚单身女青年，每年回家过年，都会被一大群亲戚逼问找没找对象，打算什么时候结婚。

她觉得特别委屈，好端端一个春节假期，净是让那些瞎操心的亲戚们扫了兴。

她亲戚里有一个特别"关心"她的七姑姑，逢年过节七姑姑都要上她家拜访，一有机会就逮着她问东问西。

如果光是问问那还不算糟糕，更要紧的是，这位伶牙俐齿的七姑姑有一个和晨晨一样年纪的女儿，从小到大，她可没没少拿自己女儿和晨晨比较。

更气人的是，七姑姑的女儿就是传说中的别人家的孩子，从小到大，学习成绩一直比晨晨要好很多。

所以，每次晨晨听到七姑姑问她"期末考试考了第几名"，心里都堵着一股化不开的气。

她要是如实招来，七姑姑便会笑着对她说："哎呀，我们家小欣可是考了年级前十名呢！"眉目间还满是得意的表情。

长大后，晨晨还是比不过小欣。

小欣考上了全国重点大学，而晨晨只是去了一所普通一本；小欣毕业后找的工作月薪六千，而晨晨只有两千；小欣和谈了三年的男友结了婚，而晨晨至今还是单身；小欣去年刚生了孩子，而晨晨……

晨晨不想再看到她七姑姑那张与其说是关心，倒不如说是炫耀卖弄的脸！

03

"是的，我从小到大就没一样比得过她家的小欣，但那又怎样？做人能不能真诚点，别再打着关心我的旗号到我面前炫耀了，毕竟，这是我的人生，与他们无关！"

和我聊天时，晨晨气得大喊了出来。

朋友小宽和晨晨的情况差不多，他一回家便被一些七大姑八大姨们追问，不是问他买没买房，就是问他什么时候结婚，搞得他不知如何是好。

"在他们面前，我觉得我就是一个 loser，做什么都是错的。"

小宽喝着闷酒，一脸的心酸和无奈。

他家里人根本就不知道他在外面过得有多么辛苦，生活得多么艰难，总是以自己的标准评判他，一有不符合他们标准的，他们便觉得小宽错了，好像凡事都按照他们的意思来办才好似的。

工资不高吧，就说你没本事；还单身吧，就为你找对象发愁；你要是没买房，就给你白眼；你要是不结婚，就说你瞎忙……

其实我也能理解亲戚们的关心，作为长辈，他们关爱晚辈那是合情合理的，但我无法理解他们那早已跟不上年轻人的思维方式。

很多时候，他们都只是在制造与年轻一辈的矛盾，而那点儿微不足道的问候和关心，真的什么用也没有。

04

相信春节期间，走街串巷拜访亲戚都是我们不可避免的，或许你会听到那一句句熟悉的发问。

"怎么样，你有男朋友了吗？"

"哎呀，你那么大了怎么还没谈男朋友，要不要我介绍几个给你认识？"

"你还没结婚啊？隔壁家的小明和你一样大，过完年就要生二胎了！"

"你可要抓点紧呀，别成天到晚的不知道在瞎忙什么！"

难怪网上春节自救指南都上了微博热搜，不得不说，这些七大姑八大姨们的战斗力真是非常强啊。

对此，我真想对他们说上那么一句："你们的好心我都懂，但是心意我领了，以后你们能不能别再那么关心我了？"

"说到底，我工资多少，什么时候谈恋爱，什么时候结婚，买没买房，生不生孩子都和你们没关系吧？你们好生休养，就别再替我操心了。"

毕竟，我过得怎么样，活成了什么样子，是我自己的事，关心虽好，但不要奢望我事事按你们的意愿去做啊。

05

今年过年，我回到家中，虽然心里还是有些不痛快，但已经不再像之前那么担心，也不再害怕面对那些想着法子来关心我的七大姑八大姨们了。

因为我发现，只要我自己过得好，只要我自己愿意，没人能够让我难过。

"你怎么还没找女朋友？"

"因为我还不想谈恋爱啊。"

"你怎么还是这个样子？"

"因为我乐意呀。"

面对这些问题，心中虽有无奈，但我还是不想勉强自己，我不想隐藏什么，也不想再过多解释。

我不够好，但我还是继续在路上努力前行着，别人看不看得到我不管，别人理不理解我不在意。

生活始终是我们自己的，与他人无关。

哪怕别人再关心你，再想为你好，你也不要过多在意他们，只需要自己努力，踏踏实实地做自己的事，走自己的路，过自己的生活。

春节怎样应对那些烦人的亲戚不是难题，难的是你能否通过努力，真正过上自己想要的生活。

很多时候，我们害怕的不是春节，不是那些逼问你一大堆问题的三姑六婆，而是那个不够好，一直失败，过不好日子的自己。

如果你的生活是你喜欢的，那么就算有一千一万个七大姑八大姨排队问候你，你也还是可以露出最自然的微笑，对他们由衷地说上那么一句：

"谢谢你们的关心，好意我领了，废话我不听了，我过得很好，真的。"

年　　　　　　　味　　　　，
就是陪着家人一起做温暖的事

01

长大以后，很多人都不再像小时候那般殷殷切切期待过年了，大抵是成人们的烦恼与日俱增，就连以前无比渴望的回家都变成了一件既闹心又纠结的事情，作为大人的我们不再无忧无虑，反而会为生活中的诸多事情困扰和担忧。

随着时间的推移，春节期间萦绕的年味也渐渐淡了许多，曾经的年味仿佛正在离我们远去，再也找不回来了。

朋友早在年前就和我抱怨道："我有点儿不想回家过年了，家里虽然哪里都好，但就是少了点我们小时候那股浓浓的年味儿。"

话虽如此，可又怎会有人真正不愿意回家，不想在春节时和一家人团聚呢？朋友抱怨归抱怨，在车站放票的时候，他还是用尽全力抢到了一张回家的车票。

我打趣地对他说："你现在怎么又想着回家了？你之前不是还很嫌弃家里的年味变淡了吗？"

　　朋友笑着说："不管怎样，我都要回家过年，我想念许久不见的家人们了，在我心里，如果不和家人团聚，就不是真正意义上的过年了。"

02

　　我和朋友想得一样，春节就是要和家人在一起过才称得上是一个圆满喜乐的新年，如果一个人身处异地，没有家人的陪伴，哪怕我吃着山珍海味，过得衣食无忧，也不会感受到一丝过年的气氛。

　　小时候，我特别喜欢过春节，还没到放寒假时我就盯着日历开始数离大年三十还有多少天了，而那时候的春节，有着与现在不一样的、浓浓的年味。

　　在那个时候，网络和科技尚未像今天这般发达，智能手机也没有普及到千家万户，但这却丝毫不影响我们过年，生活越简单淳朴，家里的年味便越加浓重。

　　记忆中，过年是一件特别具有仪式感的大事，过年前家里人要忙着做大扫除，置办年货，年越临近，家人便越忙碌，但这种忙碌却是简单而幸福的。

　　年前，父亲会在门口贴春联，在灶台上贴福字，母亲会剪窗花、做冬瓜糖和包粽子。到了大年三十，爷爷奶奶他们就开始在厨房里忙活，准备一桌丰盛可口的年夜饭，晚上一家人围坐着一边吃饭一边看电视上的春晚直播，夜里我们会在门前燃放爆竹礼花，并忍住睡意守岁。

"爆竹声中一岁除，春风送暖入屠苏。千门万户瞳瞳日，总把新桃换旧符。"

一到大年初一，我便格外乖巧地向家人拜年，继而收获满满的祝福和期待已久的压岁钱。在年间，我会和邻居家的小孩们一起嬉戏聊天，追逐打闹，也会跟着父母走街串巷，去亲戚家串门拜年，和家人围坐着吃热气腾腾的火锅，还会去乡下探望亲爱的外公外婆……

03

从大年三十到正月十五，小时候的我每天都能吃到丰盛的饭菜和可口的零食，见到大人就积极地拜年领取含有大人祝福的压岁钱，而整个年间，大街小巷都挂着灯笼，门前都贴着新对联，满是喜庆的气氛，在热闹的爆竹声中，我展露笑颜，感觉被浓浓的年味笼罩着，既欣喜又舒服。

长大以后，作为成年人的我们肩上的担子重了，数不清的烦恼忧愁也随之而来。升学、毕业、工作、恋爱、买房、结婚、生子，一重又一重的压力向我们袭来，有时像大山似的压得我们喘不过气，自然我们没有童年时那般天真快乐了。

而回家过年也得思量再三，毕竟一回家就意味着要受到家人们的询问，更甚者要面临三姑六婆对你事业和爱情的轮番拷问，有了如此繁多的烦心事和生活压力，大家自然不能过一个像童年时期那般痛快舒服的新年了，而曾经熟悉的年味似乎也变得越来越淡。

再者，随着时代的发展，网络科技日新月异，智能手机更是全面普及，人与人之间却生疏客气了，慢慢地过年便不再像以前那般传统而充满人情味了。

外公、外婆和爷爷的相继离世，感觉熟悉亲切的面孔少了许多，我不再像之前一样回乡过节。听不到他们的嘱咐叮咛，家里不似过往热闹，也少了许多欢声笑语——曾经厚重的年味，自然是变得愈加淡了。

04

朋友回到家里，给我发来消息，说和家人一起吃饭感觉很温暖，他笑着说："家里的年味还是有的，和爱着我的家人在一起，无论做什么，都让我感到幸福。我想，这也是一种年味吧。"

我想确实如此，年味还没有消失。年味就是除夕夜一家人围坐着吃热气腾腾的年夜饭，全家守在电视前观看春晚的直播，晚辈在爆竹声中向尊敬的长辈们拜年，走街串巷拜访亲戚好友，和家人一起吃饺子、放礼花、逛庙会、看舞龙舞狮，满大街都挂满红灯笼和新对联，大家见面都会亲切地说一句"新年好"。

年味或许会慢慢变淡，但它永远不会消失。

真正的年味，是和亲爱的家人们在一起，做大家都喜欢的温暖的事情。

那么，在过年期间，请你放下离不开的手机，抽出时间陪家人逛街、吃饭、聊天、下棋、包饺子、看电视，做各种他们喜欢的事情吧……

以温暖贴心的方式陪伴家人，年味就不会消散殆尽，毕竟，能看到家人们亲切的笑脸并和他们度过一段美好温馨的时光，就是我们千里迢迢回家过年的意义啊。

你 不 管 走 多 远，
都忘不掉家的味道

01

一个人在异乡生活，我常常突然有要买机票回家的冲动，每逢佳节来临，我的思乡之情更是油然而生，且不可遏制。

我给家里打电话，家人经常念叨这句话："你在外面要注意身体，好好照顾自己。"

我总是说好的，然后告诉他们我想吃他们亲手做的饭菜了，这话是真的，有时候我真的有千里回家只为喝一碗他们煲的热汤的冲动。

记得有一回我得了严重的感冒，嗓子不舒服，一直鼻塞和咳嗽，还发低烧，只能躺在床上休息，哪儿也不能去。

那天我吃的是清淡的小米粥，因为没有胃口，也吃不下多少，躺着躺着很快就饿了，这时我脑里想的全是爸妈做的热饭热菜。想着想着，我仿佛真的看到了一桌丰盛可口的饭菜，还有笑脸盈盈的父母坐在我身边，他们又是给我端鸡汤，又是给我夹排骨，还嘱咐我要多吃点儿菜。

后来我醒了，才知道那不过是一个美好的梦境，我眼前没有热气腾腾的饭菜，也没有给我夹菜端汤的父母，那会儿我烧退得差不多了，但头还是有些疼，肚子更是饿得咕咕直叫，我想吃父母做的饭菜却不得，一时间竟难过得流下了心酸的泪水。

02

朋友瑶瑶曾在国外留学，她和我聊天时说："国外的生活没我们以前想象中那么美好，到了国外后我才发现自己有多热爱中餐。在我心目中，我妈的厨艺天下第一，无人能及！"

她在国外的生活并不容易，语言交流有困难，学习也颇有难度，生活费还要自己打工去挣，连国外的饮食她也一时半会儿适应不过来。

瑶瑶不喜欢吃面包、三明治和薯条，没过多久她就吃腻了西餐，连做梦都想着吃家人做的麻辣鲜香的川菜佳肴。

瑶瑶一个月里总有那么几次要到唐人街里的中餐厅吃饭，不过那儿供应的食物虽说是中餐，但并不地道，口味也比不上国内，还没有她父母做的好吃。为此，她经常打电话给父母，说得最多的是一句："妈，我特别想吃你做的红烧肉，你的厨艺真是了不得！"

如今，瑶瑶回忆自己的留学时光总是感慨万千，她跟我说自己很怀念那时候和朋友一起逛华人超市，然后买一大堆食材回去煮火锅的时光。

他们做的火锅并不正宗，也谈不上有多美味，但却足已勾起他们的乡愁，他们在袅袅热气中夹起猪肉、鱼头、香肠和西兰花，食欲大增，有种回到祖国的感觉。

03

瑶瑶回国后，连续吃了一个星期的火锅，还天天发朋友圈，并大呼过瘾。她说："我以后再也不挑剔家里的饭菜了，不管我妈做什么，我都会吃得干干净净的！"

最近，瑶瑶还特地向她妈拜师学艺，想尝试下厨，学会做有家乡风味的菜肴，这样以后离开家去外地工作也不用担心吃不到那有着熟悉味道的家常菜了。

过去我和曾经的瑶瑶一样，也嫌弃过父母做的饭菜，甚至一度挑食，觉得家里的饭菜难吃得无法下咽，比不上外面餐馆里的菜肴。

但当我离家千里在外一个人生活后，我才发现父母做的每一道菜都是那么可口美味，有时哪怕一桌山珍海味摆在我面前，我也愿意选择父母做的一碗鸡蛋羹。

有人说："所有的乡愁都是因为馋。"在某个时刻看来这话一点儿也没错，每逢佳节倍思亲，思亲之外也惦记家人做的饭菜。

长大以后，我不再像儿时那般挑食，也不再嫌弃父母做的饭菜了，相反，我格外珍惜和他们一起同桌吃饭的时光。

04

如今我每一次回家，父母都会很用心地准备我喜欢的菜肴：白斩鸡、红烧肉、糖醋排骨、番茄牛腩、西芹炒肉、饺子、馄饨、腊肠炒饭、叉烧米粉、芋头扣肉、鱼头豆腐汤……

我妈尤其擅长煲汤，玉米排骨汤、冬瓜骨头汤、山药羊骨汤和海带牛骨汤都是她的拿手好菜，每次我回家她总是耐心为我煲汤，当我接过她递给我的汤碗时，我总是很感动。那些汤卖相不错，热气腾腾，掺杂着骨头和其他食材的清香，香味钻进鼻子里，令人食欲大增，喝上一口鲜味十足的汤，感觉一股暖流一直流进胃里，温暖而舒服。

每当喝着妈妈为我精心熬制的骨头汤时，我都在心里想着：这世间所有的美味佳肴都比不过我家里的一碗热气腾腾的骨头汤。

人的舌尖和味蕾是有记忆的，一旦尝过家人们亲手做的菜肴，便难以忘怀。

哪怕你走得再远，离家万里，你也会想起家里的饭菜。那些饭菜的滋味是特别的，让你念念不忘，光是想到都会唇齿生津，那种滋味便是家的味道。

如今我离家千里，虽已不愁生计，却也"每逢佳节倍思亲"，总想着抽空回家里瞧瞧，看看父母，也吃吃他们做的可口饭菜。

哪怕回家的时光短暂，但只要想到妈妈做的那一碗热气袅袅的骨头汤，我便感觉全身都有了力量。

或许你小时候也嫌弃过父母做的饭菜，但你长大后一定会发现，世界上最好吃的菜，是父母亲手做的菜，世界上最动听的话，是父母在你耳边的唠叨。

对于每一个独在异乡的游子而言，能够睡在家中的床上，能够吃上父母饱含爱意的菜肴，都是能够让人幸福得落泪的事情呐。

千里迢迢回家一趟，除了与家人团聚的喜悦，你也能让自己的乡愁在一桌可口美味的菜肴中渐渐消散，在大饱口福的同时，你要感谢自己的家人，因为他们用双手为你做出了这世间最让你留恋的平凡美味，那种滋味便是你无论走多远，都不会忘掉的家的味道。

吃 得 了 苦 扛 得 住 压，

世界才是你的

Part 5

拼尽全力后，
失败才是你的宝贵经历

拼尽全力后，那么，失败也是一笔宝贵的经历。

从　　　　　　　　　　　　此　　　　　　　　　　　，
拒绝做一个善良的老好人

01

最近朋友时常找我倾诉，她苦着一张脸，沮丧地说："我现在好讨厌上班，从周一就开始期待周末了。"

我有些纳闷，便问她："你的工作不是好好的吗，干嘛突然讨厌上班？是工作太繁重了，还是成天要加班？"

她摇摇头，顿了顿说："我们部门里有一个我很讨厌的同事，一想到上班要见到她，我就特别头疼。"

"她怎么你了？"

"她那副嘴脸实在太讨厌了。一开始的时候，她和我相处得还是蛮融洽的，可到了后来，她就不再和善了，总是将自己的任务抛给我做，说什么举手之劳，其实都是她自己偷懒！"

"那你为什么不拒绝她呢？"

"我也不想一直帮她，可我就是太善良了，不懂怎么拒绝，她啊也特别懂我，知道我不好意思发火，于是故意折腾我，麻烦我。她那副笑眯眯的嘴脸，怎么看怎么让人生气！"

02

原来，朋友的那个同事是故意接近她，表面上对她温言暖语，实际上她那一副和蔼可亲的模样都是伪装出来的，她的笑可谓是笑里藏刀。她平时一有什么琐碎的任务，都交给朋友去做。

朋友想要推辞时，她就微笑地说："反正都是小事，举手之劳而已，你就帮帮忙吧。"

朋友也不好意思说什么了，只能帮她做各种任务：处理数据、修改报告、打印表格、复印资料……

朋友都感觉自己成了那个同事的手下，变成了帮人跑腿做各种杂七杂八事情的实习生了。

有一次，那位同事忘了做PPT，就让朋友帮忙弄，她说得倒是很轻巧："不过是做 PPT 而已，这点小事应该难不倒你吧？"

朋友说："你为什么不自己去做呢？"

她拎着包笑笑说："我今晚有约会了，实在没有空。这份 PPT 明天就要用到了，你就帮帮忙吧，大家都是一个部门的同事，你好意思不帮我吗？"

朋友犹豫了一下，而她直接把 U 盘放到了朋友的桌上就走了，临走前还笑嘻嘻地说："记得明早前做好哦！"

朋友没办法，只好熬夜整理资料做好了那份 PPT，而那个同事只对她说了声"谢谢"就完了，仿佛朋友帮她是一件理所当然的事情一样。

"真是太气人了！"我光是听着都有点恼火了，"你以后不要再这样善良了，你要果断地拒绝她！绝不能再像之前那样纵容她了。"

03

我之前和朋友一样是一个十足的老好人，为人老实善良，因为想交更多的朋友，就很友好地对待每一个人，有时甚至做到有求必应。

在中学时代，有同学觉得我好说话，就一直拿我的作业来"参考"，理由是"反正我看看也不会怎么样"，我不懂怎么拒绝他，只好答应了。

后来，他的作业受到了老师的表扬，而我却被老师认为是抄了他的作业，考试的时候他恰好复习到了考点，成绩考得比我好，脸上满是得意自豪的笑容，但却从未说过一句感谢我的话。

在大学，有一次我和一个同学 W 被分到了一个组做课程设计，W 前期该做的工作一点都没做，而且也还不着急，在我催促他赶快完成任务时，他笑笑说："不是还有你吗？我们的课题差不多，你做好了就发给我看看，我再修改数据就 OK 了。"

他说得那是一个想当然，仿佛我只能按照他说的做，不帮他就是不对一样。

那时的我脾气太好，也太善良了，而这种善良换言之就是太软弱，容易被人欺负。

最后我还是帮助了他，但在那之后，我意识到他并不是真正的朋友，就慢慢疏远了他，后来他依旧跑来找我帮忙，但我都毫不犹豫地拒绝了。

"不好意思，你自己的事就自己做，找我做什么，我又不是老师，我什么也帮不了你。"

我说得直截了当，他根本没有反驳的余地，只好灰溜溜地离开了。

看着他受挫的神情，我只觉得他是自作自受，我做得没错，错的是他总是以为我可以无条件地帮助他，就一再地利用我好说话又没脾气的性格利用我。

04

很多人都是这样脾气很好却不懂拒绝的老好人，朋友是，曾今的我也是。

我以为这样的老好人意味着容易相处，只要友善待人就可以交到好多朋友，可是我错了，一直当这样的老好人不仅交不到真正的朋友，反而会被人利用和欺负，让你的生活充满困扰和麻烦。

我们选择善良是应该的，但这种善良不应该是软弱无力，任人摆布，更不是毫无原则，不懂拒绝。

你要记住，那些一直故意麻烦你、一直让你为难的人都不是什么好人，更不会是你真正的朋友！

很多时候你以为别人找你帮忙是因为把你当朋友，其实不然，他们不过是觉得你脾气好，容易说话还不懂拒绝，就利用你罢了。

不信你可以试试，他们在希望帮助时笑脸相迎，觉得你帮助他们理所应当，一旦你拒绝他们，他们就立马翻脸，说你千般万般的不是，还要故意为难你，找你的麻烦。

对于这种人，直接拒绝！

当善良变成一种懦弱和不敢拒绝时，"老好人"只能忍气吞声，而那些"坏人"却会更加肆无忌惮地欺负你，利用你。

这个社会太过软弱和不敢出声的人都是要吃亏的。太过"善良"的老好人其实很愚蠢，活得也很会辛苦。

何必呢？

朋友和我交谈后，第一次拒绝了同事，她言辞犀利地对她说："抱歉，我自己的事情都忙不过来，不能帮你了。"

那位同事挤出微笑说："这不是什么大事，一点小忙而已，举手之劳嘛。"

"不行，我没功夫，也不想做什么举手之劳。"

"唉，你怎么连这点忙都不帮我，我们都是同事啊。"

"呵呵，大家都是同事，那你为什么不帮我分担一点工作呢？"

那位同事无力反驳，只好悻悻地跑开了。自那以后，朋友再也没有受到同事的为难，工作得舒心又惬意。

05

善良虽好，但你也不要继续当那种"善良"的老好人了。

这是我发自内心想说的话。

因为善良并不代表懦弱、不敢拒绝和任人摆布，我觉得人应该善良，但一定要有自己的原则，有一点脾气。

"不好意思，我帮不了你。"

在有人故意为难你时，大胆地说出这句话吧。

你要知道，你要硬气一点，才不会让那些欺软怕硬的人欺负；要敢于拒绝，才不会让那些心机深重的人欺负和利用；要学会适度善良，才不会在生活中一直忍气吞声。

无论如何，请做一个坚硬而有锋芒、善良而有原则的好人吧。

当煎饼大妈月入三万时，你在干什么？

01

前一阵子在微博上看到一则新闻：有个着急上班的小伙子怀疑煎饼大妈缺斤少两，给他的煎饼果子里少加了一个蛋，没想到煎饼大妈回了这么一句："我月入三万，怎么会少加你一个鸡蛋？"

网络上因此议论纷纷，有人在微博下开玩笑般地吐槽道："又想骗我去卖煎饼了，我们这些月入几千的小白领表示伤不起。"

更有网友将此扯到了"读书无用论"："辛辛苦苦念大学、读十几年书有什么用，有再高的学历又有什么用，到头来还不是要替别人打工，拼死拼活地赚钱省钱，月工资还比不过一个煎饼大妈的月收入！

很多人对此感叹，众说纷纭，吐槽不断。

而现实确实如此，很多刚毕业、混在北上广的年轻小白领们，月工资不过寥寥几千，实在没法与那个月入三万的煎饼大妈相提并论。

02

但我认为，这无关"上大学或是高学历到底有没有用"，我想任何一个经过高等教育的人是不会轻易冒出如此荒唐的念头的。

上大学虽然与日后的工作相挂钩，而学历也对你的未来造成一定的影响，但这完全不能证明"读书无用论"，上大学的目的或许很多，但最主要的是为了让我们提升自我，掌握更深层次的知识与技能，大学不该具有那么多的功利性，学生们的本分是脚踏踏实地学知识、搞研究，掌握专业技能，不断完善自己才是重要的，至于今后的工作赚不赚钱，完全看个人的本事和境遇。

生活复杂得很，并不是非黑即白。

凡事都有两面，凡事都有例外，没有什么绝对可言。不是上了三流大学，你就一定找不到好工作，只能过三流的生活；也不是只要考上了985、211高校，毕业后就一定能找到心仪的高薪工作。

更何况，月入三万的煎饼大妈和在公司上班的年轻白领没有可比性。

因为他们所处的环境不同，岗位不同，职能也不同，煎饼大妈算是个人创业，白领们算是为公司打工，怎么能纯粹的比较两者的收入？

再者，他们的劳动属性也不同，煎饼大妈属于体力劳动，而白领一般都从事脑力劳动，我们怎么能将此混为一谈，胡乱进行比较？

03

所谓"三百六十行，行行出状元"，每一个岗位都能创造出属于自己的价值。

就拿煎饼大妈来说，并不是每一位卖煎饼的都能赚那么多钱，月入三万，是因为她手艺够好，又勤快努力，她的辛勤付出值得这样的回报，而她本身也值得我们尊重。每一个努力工作、认真生活的人都值得被人尊重和认可。

刚毕业的年轻白领工资比煎饼大妈的收入低并不可耻，也不能证明"读书无用论"，相反地，这样一个能靠辛勤劳动赚到应有收入的时代才是发展良好的现代化社会。

谁不希望劳有所得呢？

你付出了足够的努力和汗水，就能得到应有的报酬，这不是一件值得欣慰的事情吗？

如果每天早出晚归、忙忙碌碌、勤恳营业的煎饼大妈入不敷出，成天赔本，那样才叫人无语心寒啊！

04

其实，煎饼大妈月入三万也不是凭风刮来的，你看得到这个亮眼好看的数字，可你看得到大妈在背后付出了多大的努力和代价吗？

可能她在凌晨三四点就已经起床准备一天的工作了，你还沉浸在梦乡时，她早已迎着日出劳作；早上、中午、晚上几个密集的时间段，大妈一边收钱一边吆喝一边做煎饼，一天下来站得腰酸背痛，一个煎饼收入几块钱，要想一天盈利千元，那就要做上千张煎饼。

除此之外，她还要担心天气状况，担心路边的城管，担心煎饼能不能卖完。如果换作你，你会不感到疲惫劳累吗？你就不会抱怨生活吗？你就不会觉得工作辛苦挣钱不易吗？

煎饼大妈月入三万，那是她辛勤付出，努力工作的所获所得，那是她用自己沾满面粉的双手和染湿衣服的汗水换来的。人家拼命努力赚的钱，一分耕耘一分收获，我们有什么资格嘲笑她，又有什么资格去嫉妒她？

05

作为新一代的年轻人，我们不该为了"工资不敌煎饼大妈"而灰心丧气，也不该因为上了大学、拿着高学历还比不过一个卖煎饼的大妈收入高就觉得念书没用。

你要清楚，大学教会你的，不一定是怎样找到一份好工作，怎么赚到更多的钱，在大学里收获的，是一种面对未来的能力和底气。

没有人赚钱容易，大家都是在积极地工作，努力地生活，从这个角度来说，我们有什么区别？

煎饼大妈用双手辛辛苦苦赚钱，你也可以用双手或是智慧赚钱，每个人都是平等的，所谓术业有专攻，你只管做好自己的事，无须胡乱与别人比较。

最怕的是你浑浑噩噩地上了四年大学，不学无术最后只混得一纸文凭，你找不到好工作，为人懒惰拖延，马马虎虎的做事，生活得过且过，还想着像煎饼大妈那样月入三万——那简直是白日做梦。

这是一个靠能力和智慧取胜的时代，煎饼大妈通过自己的双手辛勤工作创造了财富，这是一件理所当然的事情，而你现在虽然只是一个白领，收入微薄，但依旧可以凭借自己的能力，努力提升自己，去赚更多的钱，过更好的生活。

别急着一夜暴富或在很短的时间就想赚得盆满钵满，毕竟煎饼大妈赚的都是辛辛苦苦，用辛勤汗水和努力换来的钱，你既不努力，也不肯付出，谈何赚钱谋生？

你所羡慕的一切不会从天而降，如果你也想赚取更多的收入，想变得耀眼成功，那么，你最该做的不是眼巴巴地张望别人，而是努力改变，全力以赴做更好的自己。

你 利 用 时 间 的 方 式，
决定你成为怎样的人

01

"周末有场不错的音乐会，我这里有两张票，你要和我一起去吗？"
我打电话给谷子，询问他是否有空和我去听音乐会，在我认识的朋友里，
就属他最有艺术细胞，最热爱音乐了。

"夏至，我真的挺想和你一起去听音乐会的，可是没办法，我这周
忙得很，没空陪你了。"谷子连叹了几口气，"我最近感觉时间都不够用，
工作干得累死累活的，真心难受！"

我稍稍安慰了他几句，转而问他："你工作这么那么忙？周末都要
加班干活，连休息的时间都没有吗？"

谷子支支吾吾地说："其实，这不能怪公司，要怪只能怪我自己，
我本来周五就该做完的工作一直拖到了现在，眼看马上周一了，我只好
加班加点地忙活了！不多说了，我继续干活了！"

看样子谷子是去不了音乐会了，但我不想白白浪费一张门票，于是
就联系了微微，让她和我一起去听音乐会，感受一下艺术的氛围。

这场音乐会举办得非常成功，就连平时对音乐不太感兴趣的微微都

听得陶醉入迷，乐手们演出完毕时，她极其热烈地鼓掌。

微微说来听这一场音乐会真是值了，不仅让她的心安静下来，还唤醒了她沉睡已久的音乐细胞，实在是不虚此行。

我笑笑说："你要谢就谢谷子吧，要不是他周末忙得没时间，这票就是他的了。"

微微淡淡地说："谷子这个人真是不会利用时间，白白错过了一场这么精彩的音乐会，真是可惜了。"

我问她："你怎么知道谷子不会利用时间的？"

微微举了举手机："看他的朋友圈不就知道啦！"

02

原来，谷子很喜欢在朋友圈里分享自己的生活动态，我仔细看了看，他常常发朋友圈吐槽家里信号不好，网络卡得要死，有时候都凌晨两点了，他还在熬夜玩游戏，甚至通宵看球赛。

微微说："谷子喜欢玩游戏，哪怕是熬夜也要玩游戏和看球赛，如果他把这么多的时间都放在工作上，肯定不会像现在这样忙得不可开交，占用了休息时间不说，还让自己头疼。所以我说他不会合理利用时间。"

这么说来，谷子的确不擅长利用时间。他的生活作息很不规律，下班回来后他总喜欢宅在家里玩游戏、看直播，熬夜到很晚才睡，第二天睡得不够但又不得不早起，工作时没有精神，任务完成度自然会下降，没能在规定时间内完成工作，他就只能牺牲掉自己的空闲时间，加班加点地忙活。

如此恶性循环，他的付出换不来应有的回报，他最终得到的只会是一副状态越来越差的身体和让他感到厌倦烦躁的工作。

不会利用时间的人，很有可能忙忙碌碌、拼死拼活地过日子，最后却一事无成。

03

擅长利用时间和不会利用时间的人，看起来没什么太大差别，但长此以往，他们之间的差距会越来越大。

那些擅长利用时间的人最后都会将那些不会利用时间的人狠狠地甩在身后，你利用时间的方式，决定了你成为一个怎样的人。

我过去曾是一个很不会利用时间的人，常常无所事事，挥霍时光，本来今天就该完成的任务总是拖到很晚，直到实在没法拖延了才急得焦头烂额，使劲忙活。

后来我认识了一些优秀的朋友，在相同时间内，他们早已完成任务，还做了很多自己喜欢的事情，每一天活得精彩而充实，这让总是抱怨时间不够用的我很是惭愧。

经过观察，我发现那些优秀的人都极其擅长利用时间，他们有着极强的时间观念和高度的自律性，不完成任务决不罢休，拖延对他们来说简直就是不可能。

有一次，我和一位在大公司做高管的学长聊天，他在大学里辅修第二学位，理工科出身的他精通经济和心理学，不仅拿到了会计证、教师资格证、日语 N2 证书，还参加了不少省和国家级的比赛，拿到了许多重量级大奖。

在大学期间，他曾作为交换生去香港的大学进行学术交流，在保证每个学期都能拿到国家奖学金的同时，他还自学日语与德语，报了FECT，连雅思都考了很高的分数，还组建过团队拿到了省创业大赛的一等奖。

在这个光芒万丈、优秀厉害的学长面前，我自惭形秽，内心充满自卑。

我小心翼翼地问学长怎么有空做那么多事情，他微笑地回答我："每个人一天都有 24 小时的时间，谁都是一样的，只要你能合理利用时间，你会发现根本没有时间不够这回事儿。"

那些优秀的人之所以如此厉害耀眼，是因为他们有着极强的时间观念，懂得自律并且有坚持到底的毅力，他们总是争分夺秒地学习、做事，想方设法提升自己的能力。

不轻易浪费时间做无意义的事情，把握每分每秒去学习、工作和提升自己，是每一个优秀的人都会长期坚持的习惯。

04

认识一个自媒体圈里颇有影响力的作者 S，S 的文笔流畅，观点犀利，而更让我佩服的是她合理又高效地利用时间的方式。

S 每天晚上 11 点半入睡，早晨 5 点就起床，在别人还沉浸在梦乡时，她早已写了一个多小时的稿子；在正常的工作生活中，S非常擅长利用碎片时间去提升自己，她随身携带一个笔记本和电子书阅读器，一有灵感就马上记录下来，午饭过后她总会安静地学英语，在等地铁或公交时，也会看会儿书，睡前一定要把当天的工作完成，绝不拖延，12点前完成任务就按时入睡。

周末S也从没闲着，她有时会去健身房跳拉丁舞，有时会和朋友一起去咖啡馆谈心，有时则会在书店里写稿，实在是累了就看看美剧放松心情，或约朋友吃一顿大餐。

S每一天都过得很充实，她前不久还报了个商务英语的班，甚至考虑去念个MBA，认识她的人都说她既貌美又努力，走路自信带风，整个人闪闪发光，活出了都市丽人们都憧憬的美好模样。

S说："时间对每个人都是公平的，你想要过上怎样的生活就得付出怎样的努力，我之所以每一天都争分夺秒地工作，是不想在最好的年纪活得一无是处，只要每天都过得忙碌充实，我才会感到踏实和安心。看着自己变得越来越好，是一件非常有成就感的事情。"

05

越长大我越明白一个道理：这世界上没有时间不够用这回事，大部分的没空都只是冠冕堂皇的借口，如果你真心想做一件事，那么不论你多忙，都还是能够挤出时间去做的。

大部分的人之所以奔波忙碌却一事无成，是因为他们不懂得合理利用时间，也没有养成坚持努力、争分夺秒的学习和工作的好习惯，而是懒惰懈怠，拖延成瘾，明明自己浪费了很多时间，还嚷嚷没空、时间不够用。

如果你想改变自己，改变生活，不妨留心观察身边那些优秀耀眼的朋友，看看他们是怎样利用时间的，看看他们是怎样努力的。

他们的一天和我们一样都是 24 小时，为什么他们就能在高效完成任务的同时还能去做自己喜欢的事呢？

因为，他们深深明白时间需要自己把控，要想过上自己理想的生活，就必须把握好当下的每一分钟去做那些能使自己变得更优秀的事。

西奥多·罗斯福曾说："智慧的 90% 源于对时间的合理利用。"

诚然，有智慧的人都善于把握时间，而愚笨又懒惰的人则总是在浪费时间。

你利用时间的方式，决定了你能成为一个怎样的人，如果你总是浪费时间，挥霍光阴，那么你注定与梦想无缘。

别 让 你 的 假 期 模 式，
毁了你的正常生活

01

清明小长假过完，倩倩一脸疲惫的去上班，感觉怎么都调整不到原来的状态，平时轻轻松松就能完成的工作竟出了很多差错，倩倩被上司劈头盖脸地骂了一顿。

倩倩找我倾诉烦恼说："这些天我都不知道是怎么了，状态很不好，干什么都没劲儿，就算什么都不做也还是很累，日子过得浑浑噩噩的，难受死了。"

我安慰她说："这大概就是人们所说的节后综合征吧，没什么大不了的，你赶紧调整状态，好好工作吧！"

倩倩叹了口气："我感觉我每次收假回来都会很难受，以前上学时是这样，如今工作了还是这样，我都不知如何是好了。"

我问她："你到底在假期里干了什么，怎么会影响到你的生活呢？"

倩倩不假思索地回答道："在假期里我当然是使劲玩，使劲放松，一直吃吃喝喝啊。"

02

原来，倩倩习惯在假期里熬夜，要么追剧，要么就是和朋友打牌、打麻将或玩游戏，有时候甚至还会熬通宵，到了第二天早上再去补觉。

对此，倩倩的解释是："平时要早起上班不能睡太晚，放了假没了束缚，当然要尽情玩乐，哪怕通宵熬夜也要玩到爽啊。"

正因为她平时总在假期里疯狂地熬夜，睡眠时间严重不足，早上补觉一直睡到下午，连早餐和午餐都不吃了，在这样昼夜颠倒、生活混乱的作息下，她难免会感到难受。

依我看，她所谓的节后综合征都是因为她疯狂玩乐、昼夜颠倒的不良假期模式引起的，虽然看起来不是什么大事，但如果将这种假期模式一直持续下去，那么她的正常生活必然会受到严重的影响。

这是真的，不是危言耸听，你那作死的假期模式真的有可能会毁掉你的正常生活。

我曾在医院里听医生说起一个病例，一个男生在国庆长假期间一直窝在家里，没日没夜地玩游戏过度沉迷于网络，连吃饭睡觉都顾不上了，在不眠不休熬了几天后，他的身体终于受不了了，要不是房东及时赶到，将晕倒在地上的他送往医院，他怕是要一命呜呼了。

医生给我讲完这个故事，语重心长地和我说："你们年轻人就算精力再好，也别在假期里使劲折腾，要是弄坏了身体，熬出了大病，可有你好受的！"

我将医生的叮嘱牢牢记在心里，从此以后，我再也不敢在假期里肆无忌惮地熬夜和玩乐了，因为我害怕那种不健康的假期模式会毁了我的正常生活，更害怕它会摧毁我最宝贵的健康。

03

那么，什么样的假期模式才不会影响你的身体健康和正常生活呢？

我的朋友小清用实际行动给我提供了一份不错的答案。

小清在假期里最常干三件事：一是旅行，二是读书，三是运动。

如果假期只有两三天，那么小清会根据自己的情况选择去附近的城市走走逛逛，或是去郊外的公园散散心，倘若假期有七天那么长，那么她会提前计划好去国外旅行。

每一年小清都会来一场国外旅行，前年她去了越南，去年她去了泰国，今年她打算利用年假去欧洲逛一逛，邂逅不一样的风景，体验不一样的生活。

在她看来，旅行能够让她在路上遇见一个未知的自己，她喜欢那种异国他乡陌生又多彩的文化氛围，世界那么大，她想要不断地走进更加广阔的天地里，去欣赏瑰丽壮观的景象。

当然，小清行得了万里路，也读得了万卷书，她和我一样是读书爱好者，如果她在假期不出门旅行，那么她定会在家里或是书店安安静静地看一个下午的书。

"书里有一个奇妙而美好的大千世界，通过阅读，我不断更新自己，让自己的灵魂变得更加轻盈，在书海中泛舟，我的心灵会得到一种自然的宁静。"

小清喜欢读书，在假期里读一本好书对她而言是一件相当享受的事情，而这种习惯也让她慢慢提升了自己，使她富有文化气息和独特又迷人的气质，毕竟，精神层面的享受比物质层面要来得高级一些。

除此之外，小清还会利用假期去运动健身，因为平时忙于工作，小清很少有机会锻炼身体，正好在空闲的假期里好好运动运动。

她很喜欢游泳和做瑜伽，在假期里她总是会做两个小时以上的运动，或是到健身房去练瑜伽，或是到游泳馆游游泳，总之她锻炼完身体，出了一身汗后，晚上总是睡得特别安稳。

04

小清的这种假期模式让她受益颇多。她在旅行中开阔了眼界，还拍摄了好多让人赏心悦目的风景照，既留下了美好的回忆，还成为自己独有而难忘的经历；在假期里读着一本本的好书，小清会褪去浮躁，慢慢安静下来，不仅体会到了文字的美妙，还得到精神层面的满足；而瑜伽和游泳则让她更有活力，运动使人快乐和健康，也让她在短暂的假期后，能有一个更好的精神状态去对待生活和工作。

小清和我说："放假是一件让人愉快的事情，但如果你不能很好地利用假期，那么收假后你的正常生活节奏很可能就会被打断，倘若你陷入一种恶性循环后，情况就更糟糕了。"

我想现实生活中很多人都有节后综合征吧，每当收假回来，总感觉自己的精神状态不对劲，萎靡不振，疲惫不堪，学习不起劲，工作也做不好，原本正常的生活都会受到严重的影响，真是得不偿失。

而出现这种问题的原因就是开启了错误的假期模式，毁了你的正常生活。

在假期里我们当然要放松放松，缓解一下压力，但你千万别肆无忌惮地熬夜，不管不顾地娱乐，放松过度会带来的麻烦，会损害你的身体健康。

真正的放松不是使劲玩乐，不是什么都不做，也不是昼夜颠倒地生活，而是根据自己的实际情况，适度地放松和享受，劳逸结合，松弛有度，无论如何，千万不要让你的假期模式，毁了自己的正常生活。

作为成年人的我们，必须要接受这样残酷的现实，并通过持续不断的努力和拼搏，才能真正过上自己想要的生活。

拼 尽 全 力 后 ，
失败才是你的宝贵经历

01

有读者在微博给我发了一段很长的话，她说："夏至，怎么办，我考研失败了，感觉整个人都陷入了低谷，不知道要往哪里走了。我花了一年的时间备战考研，可最后却是这样一个结果，我真是糟糕透了，什么都做不成功，我现在除了失败，就只剩下绝望了。"

这位读者本科就读于一所三本院校，为了考上 211 大学的研究生，她从大三就开始准备考研了，买了各种专业书和复习资料，还特地报了冲刺班学习，在舍友们都忙着追剧和玩游戏时，她总是泡在图书馆里做题和学习，就连寒暑假她都不回家，而是选择留在学校看书备考。

寒来暑往，她的辛勤汗水洒遍了三百多个日日夜夜，整个人瘦了不止一圈，她写过的资料和笔记能够堆成一座小山，她为了熬夜看书准备的咖啡能够塞满一个大抽屉。

对于考研，她真的已经尽力了，并且算是付出了超过平时 200% 的努力，她那么拼命地学习备考，不过是想争取去更好的学校深造，成为比现在的自己更要闪耀优秀的人。

可分数线出来后，她彻底崩溃了，她的初试成绩没过线，连参加复试的资格都没有。

在查出分数后，她既心酸又难过，可事已至此，别无他法，只能咬着牙，一言不发地流着泪。

别人都安慰她说："没关系的，毕竟你已经尽力了。"

可是那些人不可能真正理解她，也无法感同身受，对于她而言，考研失败就像是压死骆驼的最后一根稻草，她因此痛苦得失去人生方向，并对未来感到前所未有的迷茫与绝望。

02

"我真的非常失败，或许我就是一个彻底的失败者，既不聪明，也没有才华，哪怕拼命努力，最后换来的还是一样糟糕的结局，所以，我对未来已经不抱任何希望了。"

她的话很是沮丧，仿佛人生遇到了一道怎样努力都过不去的坎，既无奈又失望，对生活束手无策。

我安慰她说："为考研失败难过是正常的，但你不要因为这个失败的结果就否定你之前付出的所有努力。的确，结果很重要，但谁说过程就没有任何意义？你仔细想想，你没有在考研的过程收获什么吗？你难道没有因为考研而变得更好吗？"

我的朋友李楠也曾经历过考研的失败，但他真的已经全力以赴了，他最开始也崩溃了，完全无法接受自己的失败，在他看来考研失败就是对不起自己辛辛苦苦的付出和无数个日日夜夜的努力。

在很长一段时间里，李楠难过得开始怀疑人生，觉得生活黯淡无光，甚至再也看不清未来的方向，他因为考研失败一度受挫，认为自己是一个彻头彻尾的失败者。

为此，他沮丧过，痛哭过，绝望过，也自暴自弃过，他花了很长很长的时间才真正走出失败的阴影。那时的他终于意识到，考研失败并不能否定他的全部，经过一番自我审视，他看到了考研后自己身上发生的变化。

03

李楠在决定考研前是一个得过且过、没有上进心的学生，学习不求甚解，浑浑噩噩度日，生活过得一塌糊涂。

在他下定决心考研后，他变了许多。以前的他总是想方设法睡懒觉，而备战考研时，他每天都早起，并且戒掉了网络游戏和社交娱乐，生活很有规律。

在备战考研的三百多个日夜里，他都在坚持努力学习。寒暑假里同学在放松的时候，他依旧没有松懈，拿着专业书复习到深夜，就连梦里他都在背单词和做题。过去的他是一个做事三分钟热度的人，而考研却让他坚持了很久，付出了极大的努力。

回想起那些为了考研而发奋学习的夜晚，和那个被汗水浸泡的夏天，他心里没有丝毫后悔，反而感到欣慰和自豪。

他不无感慨地说："为考研准备的那一年是我人生中最为充实的时光，我每一天都为了梦想而努力，拼命地学习，虽然结果不如人意，但是我没有遗憾。虽然还是会觉得难受，但让我感到欣慰的是，我因为那段时光，变成了一个更好的自己。"

他和过去相比，更有上进心了，知道为了梦想努力奋斗了，也学会了争分夺秒和自律地生活——他虽然没有如愿考上研究生，但他所付出的汗水和努力并没有白费。

他用尽了全力，再回首时已没有遗憾，而那段失败的经历也成了他人生中宝贵的财富，使他前进了一大步，蜕变成一个更为闪光耀眼的人。

谁能说这样的失败，没有任何的意义呢？

04

小全为公务员考试准备了很久，能做的他都做了，但他报名的职位竞争非常激烈，最后一轮面试他还是被刷了下来。不过他已经全力以赴了，于是淡定从容地接受了失败的现实。

小全和我说："只要用尽了全力，结果是好是坏我都能接受。虽然我考公务员失败了，但我在这过程中提升了自己，努力是不会白费的，接下来我会吸取失败的经验，更加努力地找工作！"

小全说到做到，考公务员失败后他就一直积极地去人才市场参加招聘会，往各大公司投递简历，参加了很多次笔试和面试，最后收到了十几份 offer，在多次权衡下，他选择进入一家待遇不错的国企，未来前景一片光明。

　　每个人都难以避免失败，只是很多人太过在意结果，却忽略了自己在那过程中付出的汗水和努力。

　　结果很重要，但过程也充满意义，你因为自己的努力付出得到改变，使自己愈加美好闪光，这就是你的成长，也是努力的意义。

　　你为了减肥而努力运动，最后虽然没有达到减重目标，但你在这过程中收获了更健康的身体和自律生活的习惯。

　　你为了考上研究生而努力学习，最后虽然没有如愿以偿，但你在这过程中锻炼了自己，坚持为了梦想而奋斗，使得每天都过得格外充实，也让自己变得越来越好。

　　你为了成为一名公务员而努力备考，最后虽然没能被录取，但你在这过程中也学到了不少东西，能力也得到了很大的提升……

　　所以，谁能说结果失败了，那段经历就毫无价值，没有意义？

　　请你记住，别人可以因为失败的结果而否定你，但你绝不能否定自己在这个过程中付出的所有努力。

　　你曾经用尽全力，为了梦想努力拼搏，那么就算失败了，那段时光也会成为你人生中一段难忘而宝贵的经历，使你慢慢蜕变成自己想要的模样，在往后的日子里熠熠生辉。

你 还 站 在 原 地 茫 然，
别人已经弯道超越

01

如今，很多年轻人的生活状态都可以用"忙茫盲"这三个词概括：忙碌、茫然、盲目。无论自己怎样做，生活都黯淡无光，让人看不到希望，也看不清前方的道路。

有很多年轻的读者都曾在微博给我留言，说自己对未来感到迷茫焦虑，成天忙忙碌碌，最后却一事无成。

"夏至，我今年刚上大学，初入学校时我好像浑身都有使不完的劲儿，什么都想要，什么都抢着做，可是慢慢地我发现，我一天到晚忙来忙去没什么意思，努力学习也得不到什么回报。我现在特别迷茫，不知道要怎么走下去了，你说我该怎么办？"

其实他这般茫然无措的状态在年轻人中非常普遍，谁都无法否认，青春里总要有一段迷茫焦虑的时光，感到迷茫没什么大不了的，真正要紧的是你在那段迷茫期做了什么。

于是，我这样回复那位读者："在这段迷茫期里，你不要什么都不做，更不要虚度时光，你要认真思考未来的方向，脚踏实地地努力。迷茫归迷茫，你可别荒废了学业，那样才是得不偿失！"

02

我在刚进入大学时也曾经历一段灰暗迷茫的日子，那个时候我特别忙碌，除了上课学习，大部分时间我都花在了社团活动中，此外我还加入了多个学生组织，不是开会、搞策划，就是参加和开展各种活动，为此，我的时间被排得满满的，连休息都显得格外奢侈。

可是，这样的忙碌并不能给我带来真正的踏实感，相反我因不停地在各个组织和社团之间忙碌奔波而感到特别疲惫，我感到一股很大的压力向我袭来，我不知道自己做了那么多究竟有什么用，甚至开始质疑自己的能力，感到前所未有的迷茫。

参加各种活动占据了我大部分时间，这样一来我能够学习的时间就减少了。期末考试时，我各科考试成绩都不甚理想。

与我相反，身边的同学却能将社团工作和学习处理得很好，不仅参加了丰富多彩的校园活动，连学习也没拉下，期末考试还拿到了奖学金，实在让人羡慕。

看着别人不停在前进，且越来越好，我却变得更加迷茫和焦虑了。我不知道自己应该做什么，也不知道要怎样努力。

还好同一社团的学长为我指点迷津，他对我说："不是只有你一个人感到迷茫，偶尔感到迷茫是一件很正常的事，你不必过分担心。你该做的是好好努力,积极地思考和行动,找到自己真正想做的事情,不要让迷茫遮住你的眼睛,挡住你的道路!"

03

学长在校园里是一个很有名气的风云人物,他品学兼优,专业成绩与综合排名稳居年级前三,多次获得国家奖学金,还曾在国内外大型竞赛中获得名次,和同学参与的科研项目得到了省里的大力支持……

如此优秀的学长对我的态度却十分温和,他说:"其实我也曾经迷茫过,和你不同的是,迷茫归迷茫,我一刻也没有停止努力,做得越多,我才越清楚自己喜欢和想要的是什么,在我看来,行动才是摆脱迷茫最好的办法。"

学长在迷茫期里依旧努力前进,他曾没日没夜查阅上百篇文献,并通过不断思考和尝试,做出了科学的设计方案,最后还申请了专利,他还参加世界级的化工大会,并靠团队合作获得了第二名的佳绩……

如他所说,你只有做得越多,才能越快进步,等你付出行动到了一个层次,迷茫焦虑自然就会离你而去了。

在学长的善意提醒下,我意识到了自己的问题,那就是我只顾着迷茫焦虑,而忘记了好好努力,并付出行动。

经过一番深思熟虑,我不再为自身的迷茫而纠结,而是在社团中做出选择,并放弃了一些不适合自己的组织工作,留在喜欢的社团里做自己感兴趣的事情,同时我也没落下功课,参加活动之余兼顾学业,用汗水将迷茫慌张的日子填满。

再后来，迷茫无措的状态成了过去式，我成长了不少，还在各方面得到了很大的收获。

04

每个人都会经历一段特别迷茫的时光，都会受到学习、工作和生活上的重重压力，摆脱迷茫的方法不是束手就擒，而是主动出击，用行动和努力去发现前方更为宽广的道路。

"忙茫盲"的状态不可怕，可怕的是你在迷茫期停滞不前，什么都不做，就只会挥霍时光，那样都最后，你收获的只能是一张沾满悔恨的哭脸。

迷茫不是什么洪水猛兽，你不必为了迷茫而太过焦虑，要知道，你最大的问题不是迷茫，而是你读书太少，经历不够，想得太多，做得太少！

真正优秀的人都会在迷茫的时候静下心来，努力找到未来的方向，并用实际行动去证明自己，让自己得到成长。在那些优秀的人眼里，迷茫期也是增值期。

你还在忙茫盲的时候，别人都在努力成长，这就是你和别人之间的差距。

如果你也感到迷茫，那就努力做些什么吧。好好学习，做一些喜欢的事情，到外面的世界看一看，付出行动让自己得到提升，努力向前奔跑，成为一个更美好更耀眼的自己。

我 不 害 怕 死 亡，
我只怕绝望地活着

01

我很喜欢日剧《非自然死亡》，由石原里美、井浦新和洼田正孝主演，不涉及太多的感情戏，一集一个案件，剧情节奏快，不拖沓，主演演技好，同时反映出各种社会问题，具有现实意义，引人深思。

故事的主角是 UDI 实验室的法医三澄美琴和中堂医生，许多案件侦破的关键就在尸体身上，而法医的工作就是解剖各种非自然死亡的尸体，鉴定其死因。

故事开始，新人久部六郎休学来到 UDI 当临时兼职工，他对未来充满了迷茫，父亲一直想让他从医，而他却想当记者，甚至为了搜集情报混入 UDI。

久部曾经问三澄法医究竟是怎样的工作。三澄回答说："法医是一种恶心、工资低又劳累的工作。"话虽如此，三澄每次解剖尸体时都极其认真，再苦再累也没有任何抱怨，并且坚持着正义必胜的信念。

在一桩又一桩的案件中，我们得到了所谓的真相，并看到了社会隐藏着的、黑暗而让人失望的一面。

02

第一集里，一位意外死亡的人最初是被认定死于谋杀，而经三澄解剖后，她发现此人死于流感病毒，媒体新闻迅速对此事进行报道，很多人指责他没有去医院检查，还使无辜的人受到传染，为此他的父母感到非常愧疚。

但他的女朋友却坚持说他不是那样的人，三澄在得知他女朋友和他相处的细节后，推断出他在去医院检查前根本没有染上病毒，真正使他感染的是那家医院泄露出的病毒……

久部问他为什么要调查这些，这些不过都是死人的事情，可是三澄却坚定地说，她不希望看到死去的人还被人误解，担负起莫须有的罪名。

对于她来说，法医不仅仅是一份又苦又累的工作，更是一份为了人类未来的工作。

虽然法医接触的只有一具具冰冷的尸体，但是他们却能通过解剖找到凶手，解开真相，并用法律惩罚那些真凶，让那些无辜死去的人得到安息。

03

日剧很戳心的地方在于故事里的种种细节，它不刻意，也不煽情，看似自然平淡，可就是让你看着看着就忍不住落泪。

例如，三澄面对死者绝望的女友说："正是因为没有心情才要吃的。"

毕竟，沮丧是没有用的，人要振作起来，才能往前走。

三澄与久部被困在慢慢沉入河里的车内，她依旧淡定地说："人落入水中屏住呼吸能坚持三分钟，就算呼吸停止，到失去意识还有一分钟，就算失去意识，心脏三分钟以内还能保持跳动，哪怕心脏停止跳动，大脑也会保持五分钟才会出现不可逆的死亡。只要在这期间被救出，就还有希望。人类其实很顽强！"

在经历了一系列事情后，三澄云淡风轻地笑着对久部说："有绝望的时间，不如好好吃饭再睡个好觉。"

三澄看似一副什么都不怕，永远不会绝望的模样，可事实上，她觉得自己的人生早就输给了想要带她一起自杀的母亲，她不明白那个女人为什么会那么残忍，要带着最亲的人一起走向死亡，可是她就算再怨恨也无济于事，于是只好用愤怒代替悲伤，选择成为一名法医，与非自然的死亡抗争。

当三澄面临着良心与正义的选择时，她感受到了自己的弱小，只能无助又纠结地躺在床上哭泣，而她的养母这样安慰她："只要还活着，就不会输的。为什么要一个人背负着全世界的悲哀，一个人承受不了的。"

最终，她坚定地站在了法庭上，以法医的身份向法官说明了自己调查的结果，以自己的方式维护了心中的正义。

04

以前我会觉得死亡很晦气，不吉利，现在想想，那些死人不过是碰巧死去，而活着的我们也不过是碰巧活着罢了。

活着的我们真值得庆幸。

越长大越能明白一个道理，那就是世间之事，除去生死，皆是小事。

我经历过亲人的离世，他们有的患了重病，每天都得吃难以下咽的药，做手术时更是痛不欲生，他们为了治病，家里的积蓄都花光了，要继续活命还需要很多很多的钱，更甚者，哪怕凑到了足够的治疗费用，却也耽误了最佳治疗时间，只有慢慢等死。

与死亡相比，活着实在是非常非常地不容易，我至今都记得有一回我去医院探望亲戚时偶尔看到的一个画面：一个瘦骨嶙峋的病人跪在地上，放弃了一切尊严，声音微弱地对医生说："求求你医生……救救我，我想活着，我不想死啊……"

那个医生被泪泪满面的病人家属死死地拉着拽着，尽管如此，他依旧没法做出什么承诺，脸上挂着为难而淡然的表情，仿佛在说"抱歉，我们做不到"。

那位病人后来如何，我不知道，但我深深记住了她望向医生时的那个绝望而无助的眼神。

能够好好活着，谁也不愿意死去，可是生活中就是有那么多的无可奈何，哪怕你奋力挣扎，拼命抗争，也依旧无法拯救自己。

"我不害怕死亡，我只怕绝望地活着。"

与死亡相比，那种患重病却无钱可医，无药可救的绝望要沉重痛苦得多。

经历的事情越来越多，我越来越明白，我们能够活着，真的已经很幸运。

每一个死去的人，都有着各自的死因，那些非正常死亡的人不过是碰巧死去罢了，而活着的我们应该为此庆幸，我们依旧碰巧地活着。

已死的人无法给我们答案，还活着的我们今日请好好活下去吧。

正如《anone》里说的那样："可以去死了这句话，是在感叹活着真好之后才能说的，还没感受到活在世上的好那就还没到可以去死的时候。活下去吧，活着真的是一件很棒的事啊。"

05

那些躺在床上被法医解剖的人无疑是不幸的，而每一种不幸的人生，都有着一个引人深思的故事。

以前我并不看好法医这个行业，并不觉得这个职业有多么崇高，只觉得法医沉重阴晦，可当我看完这部剧，才意识到过去的自己实在太狭隘了，法医虽然常和死人打交道，但也是为了人类的未来而努力的职业。

每一个法医都是值得尊敬的，因为他们能够让无声的尸体"说话"，能够究明其真正的死因，找到案件的真相，非自然死亡研究所真的很有存在的必要。

我一直都觉得死亡很可怕，但相比于那些丑陋可怕的人心，死亡又算得了什么?

正如中堂医生说的那句话:"人无论在何时何地,一旦切开剥皮都只是一块肉而已。你死了就知道了。"

感谢剧里 UDI 的那些法医们,感谢他们在这个复杂的社会里依然坚守心中的正义与道德,在自己的岗位上默默工作,用坚定不移的信念让我们相信:总有一些人在我们看不到的地方拼劲全力,默默守护我们共同生活的世界。

正义或许会迟到很久,但一定不会缺席的,因为这个世界一直有坚持正义的人存在,而你我都是其中之一。

机会 永远 都 有，
但它只向真正有实力的人敞开大门。

Part 6

你所期待的一切，
都要用努力换取

这条三流之路，我们每个人走得都很艰辛困难，然而再苦再难，我们依旧要咬着牙挺下去。我们那么努力，也不过是让这个世界无法改变我们的初心。

你　所　期　待　的　一　切　，
都要用努力换取

01

临近毕业季，冯正奔波在各大招聘会现场，在找工作的人海中挤着给心仪的公司投简历，然而他忙活了好几个月，愣是没有收到一家公司的 offer。

前不久我和冯正见面，他那会儿刚刚参加了一个校招会，累得喘气，整个人都显得很疲惫。

我问他："都快毕业了，你的工作有着落了吗？"

他摇摇头，和我坦白说："我目前还没找到工作。"

随后他叹了一口气，说："其实我也不是没地方去，只不过我觉得招聘会上好多公司开的月薪都太低了，一个月才 4000 多元，除去交通费饮食费住宿费，我怕真的工作了，那日子肯定过得紧紧巴巴，不好受！"

我安慰他说："目前就业形势严峻，好多大学生都找不到工作呢，再说了，本科应届生的工资普遍都不是很高，月薪 4000 也很正常啊，你再找找看吧。"

冯正皱了皱眉："我觉得我为了那少得可怜的 4000 元拼死拼活地工

作不值得，这工资实在太少了，想想我可能不太适合工作，我比较想创业，自己当老板，不用替别人干活，那样多爽啊。"

"你要真有创业的念头，就去努力筹备吧，现在大学生创业有蛮多优惠政策的，我觉得你可以尝试尝试。"

冯正笑了笑："我倒是想自己当老板，但是手头上没有资本。唉，我真是羡慕那些创业成功的人，年纪轻轻就拥有了别人工作几十年才能积累下来的财富，我也好想成为那样的人。"

冯正说这话时眼睛里露着憧憬的光芒，可他只是羡慕和空想而已，他并没有在现实中付出行动和努力，连找份工作都挑三拣四，明明自己能力不足，还偏偏眼高手低，想要找到一份高薪的工作，却又期待过上轻松舒服的生活，真是自相矛盾。

02

直到快毕业了，冯正都没能确定工作，不考公务员又无法创业的他只能眼巴巴地看着身边的同学一个个领到心仪公司的 offer 或成功进入事业单位，他那个当老板赚大钱的美梦注定只能是一场梦。

因为他不明白，这个世界上没有什么东西是随随便便就能得到的。你想要找到一份工资优渥的工作，就必须得有一份漂亮的履历和让公司信服的能力，像冯正那样既没好学历又没实力的人，找不到心仪的工作能怪谁呢？

要怪只能怪自己眼高手低，才华又配不上野心，只会做虚无缥缈的白日梦却从不肯付出行动和努力。

你所渴望的一切都来之不易，如果你极其期待得到某样东西，那么你就必须用你脚踏实地的努力来换取。

很多人都会羡慕那些年纪轻轻就创业成功、自己当老板赚了好多钱的成功人士，我也曾羡慕过自己的一位学长。

学长在大三期间就创立了自己的工作室，有了属于自己的团队，他所负责的创业项目还得到了省里的大力支持，并获得了省和国家的多项大奖。

可以说学长在大学时期就已领先了大部分同龄人，在其他人还在为了生计发愁时，他早已经实现了经济上的独立，成为茫茫人海中那备受关注、闪闪发光的少数人。

03

然而人们只看到了学长表明的光鲜亮丽，却并不知道他也曾在创业之路上跌倒，并一度陷入绝望的困境。

学长大学毕业后，带着一部分原先项目的成员重新开了一家互联网公司，想要在互联网大潮中夺得一席之地，谁料早前一直顺风顺水的他竟在创业途中受了挫，公司项目失败，投资方撤资，项目成员解体，他一直想做的 APP 还没能上线，公司就已面临倒闭，而他不得不应对各种危机，还得顶着压力和各方商量谈判，尽量将损失控制到最小。

那段时间学长身上肩负着如山一般沉重的压力，他感到前所未有的迷茫和焦虑，整个人陷入了低谷，沮丧又绝望，一度难过得快要崩溃。

谁也想不到在大学期间遥遥领先的风云人物会在残酷的现实面前狠狠地摔跟头，不仅摔得很惨，还欠下了一笔不小的债。

学长为了早日还清债务，夜以继日地工作，什么能赚钱的兼职他基本都去干了，每天大部分的时间都用来工作，睡觉时间严重不足，生活上他是能省就省，泡面和面包成了他三餐的标配，赚来的钱他都舍不得给自己添置衣物，曾经大手大脚的他彻底明白了赚钱有多么辛苦不易。

后来学长花了很长时间终于还清了债务，没有后顾之忧的他决定重新开始，于是他和一位志同道合的朋友再一次创业，而今他虽然还没真正实现自己的梦想，但也算是打了个漂亮的头阵，他的公司被业内很多专业人士看好，前景一片光明。

04

和学长聊天时，他说得最多的一句话就是："你别光看着别人拥有多少你所渴望的东西，你还得去了解清楚他到底是通过怎样的努力，付出了多大的代价才获得那些东西。"

对此，我深以为然。

这世上一切美好、耀眼的东西都不是唾手可得的，成功、鲜花和掌声都来之不易，你所期待得到的一切，都必须用你的努力作为代价去换取。

很多人留言问我怎样才可以出书，我说你得多积累多写稿，有朋友不信我，非要问我索要编辑的联系方式，结果他得到编辑的联系方式后，却没有拿得出手的作品，出书的事只能不了了之。

后来我和他说："这个世界是很现实的，你想要的一切不是轻而易举就能得到的，你必须付出足够多的努力，才能得到你所渴望的东西。"

天上不会掉馅饼，就算会掉，也一定不会砸在你这个什么都不做的人头上。

光妄想着一切自己喜欢的东西，却不肯为了得到它们而付出行动和努力，那么到最后，你的梦想就只能是妄想，无所作为的你就只能一无所获。

05

这个世界是遵守能量守恒定律的，你只有付出足够多的努力，才能换回同等代价的结果。

没有谁能够凭空得到自己所渴望得到的一切，白日梦是不切实际的，脚踏实地的努力才是王道。

你要想赚到更多的钱，过上自己喜欢的生活，就必须提升自己的能力，更加努力认真地工作。

你要想成为闪闪发亮的人，就必须一步一步地走，吃必要的苦，走必要的弯路，百经周折才能抵达终点。

你要想实现梦想，就必须忍受寂寞，学会坚持，咬着牙度过一段无人问津的日子，在梦想实现前绝不低头，并付出自己最大的努力。

没有天生丽质，你就得天生励志，没有天生好运，你就必须特别努力。

吃 得 了 苦 扛 得 住 压 ，

世界才是你的

你要知道，你所羡慕的闪闪发光的别人，也曾为了梦想披荆斩棘，你所渴望拥有的一切，都需要你用自己的努力去换取。

抱歉，你已经过了
贪玩要耍的年纪。

别贪图便宜，
也别相信不劳而获

01

我回老家过年时，邻居家的伯伯特地跑来见我，我看他一副特别着急的模样，便询问他有什么要紧事。

伯伯从口袋里拿出儿子给自己买的智能手机，有些费劲地滑着屏幕，然后点开一个不知名的商城APP，笑着说："我也没什么特别要紧的事，就是我最近做了一个兼职，现在正想找人一起投资赚钱。"

听到他那番话，我不免有些谨慎起来。

伯伯继续和我说："你放心，不是什么大钱，每个人只要投资一百块就行，把钱投进这个商城以后你什么也不用做，每天就会产生几块钱的利息，一年后还会有分红。如果你想赚更多的钱，还可以像我一样去拉投资者，找到一个投资者，自己也能分到一部分钱，很划算的……"

看着伯伯滔滔不绝地讲着，我实在不忍心打断他，出于好奇，我拿着他的手机看起了他所投资的商场APP，仔细研究后，我发现那个APP的页面实在是太简陋了，除了转账的操作页面，其他页面动都动不了，简直形同虚设。

而伯伯所说的那一套盈利模式实在有违我所掌握的经济常识，出于谨慎，我上网查了那家商场的相关信息，没想到搜出的网页竟带着"传销""骗子"这样的字眼。

果然我猜想的没错，伯伯被人骗了，向来精明能干的他这一回也栽在了新型传销组织的手里。

02

我将那个传销组织的事说给了伯伯听，他一副难以置信的神情，嘴里不停念叨着："怎么可能，这不会是传销的！一定是你看错了，我是经熟人介绍才投资的，熟人完全没理由骗我啊。"

伯伯点开那个商城 APP，给我看了他账户上显示的余额，"不信你看，我每天都在赚钱，现在赚到的钱都翻了四倍了！"

"那您试试将账户里的钱提现出来吧，如果你觉得这是真的，也可以只提现一小部分。"

伯伯听了我的话，决定将提现一百块出来，结果他操作失败，不管怎么尝试，账户里的钱就是取不出来。

"您看，这不明摆着您被骗了吗？那些虚拟的数字有什么用，又不是真钱，您啊也就别再惦记之前投进去的那些钱了，更别拉着身边的熟人跟你一起投资了！"

伯伯的表情复杂，固执的他还是没能彻底接受自己被骗的事实，仍在一个劲儿地辩解："不对，一定是这儿的网络太差了，介绍我投资的熟人明明说是真的可以赚钱的，不会有假的！"

我反驳他道："传销这种事，大多数人都是被熟人给骗的，您那个熟人可能也被人骗了吧，大家都有苦说不出，总之，您以后千万别再上当了，天下哪会掉馅饼啊，贪图便宜可绝对不行！"

谈到最后，伯伯一脸无奈，想去找人理论，却又顾虑太多，看着辛辛苦苦赚来的钱打了水漂，他痛心又气恼，然而事实已成定局，他只能吃一堑长一智了。

03

我将这事告诉了朋友，朋友向我分析道："我觉得那些被骗的人都是贪图便宜，想要不劳而获。在他们看来一百块钱根本不算什么，只要放进商城不用做什么就能赚钱，这还不是天上掉馅饼吗？他们就是想得太美好了，一时间被眼前的利益所蒙蔽，这才让传销分子得了逞！"

确实如此，邻居家的伯伯当初就是觉得拿一百块来投资并不算什么，并且自己什么都不用做，就能躺着赚到大钱，怎么想都是一笔很合算的买卖，于是便大胆地投入了钱，还拉拢其他人一起赚利息。

深究原因，只怪他贪图便宜，想要不劳而获，凭空赚大钱，而这点也正是那些骗子得以下手的地方。

所谓"君子爱财，取之有道"，无论何时，你都要牢记一点，赚钱不容易。你别想着什么都不做躺在家里就能日进斗金，天上不会掉馅饼更不会掉金币！

那种不劳而获、一夜暴富的白日梦，还是少做一些吧！毕竟，这世界上什么事都可以发生，唯独不会发生不劳而获的事。

小晓读大学的时候也曾遭遇过骗子。她家境不好，为了给家人减轻负担，她从大一开始就勤工俭学，自己挣生活费，但在学校图书馆和食堂做小时工收入微薄，去外边做兼职又辛苦又挣不着钱，于是她心急起来。偶然间看到网上有"轻轻松松日赚三百"的帖子，她一心动就立马跟发帖的网友聊了起来。

网友告诉她，要想赚钱就必须交会员费，不过也不贵，就三百块钱，做了他们的兼职一天之内就能赚回本。

小晓那时候实在是没见过面，又太想赚钱了，于是毫不犹豫地就将三百块转给了对方，然后开始了"刷单"的兼职。

结果可想而知，小晓非但没能赚到钱，还将自己的伙食费都让骗子卷跑了，她无奈之下只好报警，可警察却说网络骗子不好找，没有信息处理起来也麻烦，就让她回去等消息。那一刻她才意识到自己被骗的钱再也找不回来了。

04

小晓被骗后可算是学聪明了，后来她不再相信网上吹得天花乱坠的帖子，而是踏踏实实地在商场做简单的兼职，虽然辛苦一点，但赚到的钱都是自己的。

小晓说："我就当交了学费买个教训了！以后我再也不会贪图便宜，

企图不劳而获了。赚钱是一门高深的学问，谁也别想走捷径！"

时至今日，网络上仍旧能看到各种"轻松赚钱"的兼职信息和投资广告，什么微商月入十万，代理产品年薪百万，投资理财一本万利之类的，如果不仔细看，那些广告的确很诱惑人。

但在那些诱惑之下，隐藏着一个又一个陷阱，如果你贪图便宜，想要不劳而获，那么你就很容易陷进去，最后赔钱吃亏，得不偿失。

前一阵子有一个朋友差点进了传销组织，她回想起来依旧心有余悸。

那会儿她受到熟人的怂恿，便辞掉了原先单调又辛苦的工作，打算跟着组织厮混，从而过上轻轻松松挣大钱，随随便便买名牌包包与香水的好日子。

那个熟人开始说得天花乱坠，给她撒了一张轻松又多金的大网，甚至给她几年后年薪百万的承诺。那条捷径摆在她眼前，仿佛轻而易举，只要她轻轻抬脚，未来的富贵荣华就能触手可及。

在如此巨大的诱惑下，朋友一步步走进了那个传销陷阱里，最后虽然脱离了组织，但还是损失了好几万元。

事后，朋友反省道："我差点就被那个组织的人洗脑了，仿佛大把大把的钱就在我的脚下，只要我跟着他们走进去就能赚得盆满钵满。还好我在关键时刻清醒了过来，不然你现在可能都见不到我了。"

最后，她叹着气感慨道："赚钱从不是一件轻而易举的事，以后我不会再想走什么捷径，也不会误入歧途了，我不会贪图便宜，也不相信不劳而获了，我要踏踏实实地工作，赚清清白白的钱！"

吃 得 了 苦 扛 得 住 压，

世界才是你的

这也是我对待金钱的态度，爱钱有度，绝不因为贪财而误入歧途，也不会因为贪图一些蝇头小利就上当受骗，更不会做那些不劳而获、日进斗金的白日梦。

你想赚很多很多钱，就得努力勤快地工作，脚踏实地地干活，除此之外，再无其他捷径。

你要明白，这个世界上没有一蹴而就的事情，更没有轻轻松松就能赚大钱的路子，唯一可以不劳而获的，只有贫穷。

你连普通工作都做不好，还想过不普通的生活？

01

池池常常幻想自己有一天会做着一份高薪又气派的工作，过上一种舒服又轻松的生活，成为闪闪发光、与众不同的人，她不仅经常做梦，还成天向我描述她所渴望的美好未来。

"以后，我一定会做一份不平凡的工作，实现自己所有的梦想，成为一个耀眼夺目的人！"池池脸上带着笑意，满怀期待地向我说道。

很可惜，她所说的通通都不是现实，只是不切实际的空想罢了，她最擅长做白日梦了，在她的想象里，未来永远是那么光鲜亮丽，而现实却是那么地严峻残酷。

池池是一家小公司的白领，做着一份普普通通的工作，每个月领着三千多块，生活过得简单平凡。

她厌倦了当下的生活，觉得上班很没劲。她的工作并不复杂，整理资料、接听电话、处理数据、做开会用的 PPT 和表格……琐碎得有些枯燥和单调。

她并不喜欢自己现在的工作，她自命不凡，觉得自己以后一定能做一份不普通的工作，过着不普通的生活，一想到这些，她就越发讨厌起自己现在的工作来了。

有一天池池找我聊天，语气有些不对劲，她沮丧难受地说："我今天又被上司骂了一通，身边的同事也不帮我，真是气死我了！再这样下去，我恐怕要辞职了……"

我和声和气地安慰了她几句，询问她为什么挨骂。

她吞吞吐吐地回我："我就是打印错了资料，没有及时弄好 PPT，也没有做好数据报表而已……"

以我对她的了解来看，上司批评她是对的，她平时工作真的是马虎敷衍，犯错已经不是一次两次了，就算换了别家公司，她做不好事，照样会挨骂。

我将这些心里话委婉地说给她听，并劝她端正自己的态度，好好工作，尽量避免出错。

可她根本听不进我的劝告，反驳我道："我觉得我只是运气不好，进了这家小公司而已，以后我辞职了，绝对不会再干这种普通的工作了，你就等着看我大展身手吧！"

我没再回她，只觉得她的想法太过天真，不切实际。

02

其实池池早先就已经和我说过想辞职了，可她却迟迟没有行动，因为她很清楚自己的实力，一旦辞职，她可能一时半会儿找不到合适又满意的工作。

毕竟，她能力不够，经验不足，做事敷衍又懒散，工作态度又不端正，就算进了大公司，谁又能保证她干得长久？

在她身上我看到了好多年轻人常犯的毛病：自命不凡，眼高手低，能力配不上自己的野心，总是不切实际地空想，却从不改变自己。

在现实生活中，像她那样的年轻人比比皆是，他们都有一个共同点，那就是期待自己能够找到一份高薪轻松的工作，过上令人羡慕的生活。

他们总是喜欢空想，喜欢做梦，喜欢憧憬未来，却从不把握当下，过好每一个现在。

他们不满足当下的工作，觉得那是大材小用，自己没有发挥的空间，可事实上，他们却连最基本的工作都做不好，犯了错、惹了麻烦、挨了上司的骂，他们没有认真反省，反而怪自己运气不好。

他们在工作上遇到挫折时，总是百般埋怨，千般挑剔，一边敷衍懒散地做着手头的工作，一边幻想着自己未来能够实现梦想，过上憧憬中的生活。

到头来，他们除了抱怨和叹息，什么都不会得到。

03

朋友小里也是一个不切实际的空想家，他觉得自己非常有能力，是能做一番大事业的人才，只是受限于公司，无法施展才华罢了。

后来，他考虑了好久终于辞职，决心到大城市创业，去闯出属于自己的天地来。

可当他真的来到了上海，才发现自己的能力并没有想象中那么出色，和其他人相比，他资质平庸，能力一般，空有一身抱负，却没有与之相配的才华。

他创业未果，只能灰溜溜地到人才市场里四处投递简历，参加大大小小的公司面试，在一次又一次的招聘会上，他终于意识到了一个残酷的现实，那就是：他没有创业的资本和能力，甚至连一份普通的工作都无法胜任。

他之前想象的美好蓝图和光明前景，不过是他不切实际的幻想罢了。

我也曾经历过一段特别自负的时光，那时的我年轻气盛，以为只要自己愿意，就没有我做不到的事情。我那会儿特别看不起普通的工作，觉得自己的能力远不止于此。

可一次突如其来的打击让我明白，我其实并没有想象中那么优秀独特，我还没有强大到去选择一份与自己能力不匹配的工作。

04

有一个做人力资源的朋友和我说："现在很多年轻人在求职的时候，都有一股盲目的自信，觉得工作普通又轻松，根本没有什么挑战性。可是他们往往是眼高手低，总是去追求一份稳定的高薪工作，却连手上最普通的工作都做不好，想想还真是可笑。"

想起萧秋水说过的一句话："我们大部分人都是普通人。只是有些普通人，既不愿意吃苦，也不愿意付出，但却想着要不普通的生活。"

诚然，每个人都有做梦的权利，但至少你要把握住当下，好好努力拼搏才是，最怕你资质一般、能力一般，不想吃亏也没有能力，却妄想着拥有安稳的工作，优渥的薪水，过上舒服美好的生活。

这种不切实际空想，最终也不过是没有意义的空想罢了。

如果你也有那种心态，不妨好好审视自己，认清自己的能力，不要一味地空想，却从不付出行动。

你连一份普通的工作都做不好，还想过不普通的生活？

机会永远都有，但它只向真正有实力的人敞开大门。你若是连普通的工作都做不好，就别整天妄想着
过不普通的生活了。与其发呆空想，
还不如踏踏实实地努力，做好手头
的工作，认真充实地活在当下。

挣 扎 在 三 流 社 会 的 我 们，
依旧做着一流世界的梦

01

在一段很丧的时期里，我看了一部名为《三流之路》的电视剧，它让我的沮丧烦恼暂时一扫而空，触动我的不是因为它拍得有多好，演员颜值有多高，剧情有多甜，仅仅是因为，它讲的是小人物的故事。

所谓"三流之路"，指的就是那些活在底层的、被社会划分为三流人员、没钱没地位又没背景的小人物每天都要面临的那条人生之路。

我很喜欢这种将故事聚焦于社会小人物、基调又有些丧的电视剧，类似于我大爱的日剧《四重奏》，这条漫长曲折的三流之路也没让我失望。

故事的四个主角，互相认识，皆为朋友，也同是混在三流之路上的平凡小人物。

高东万，人长得又高又帅，自带光芒，一出场时就给人一种偶像剧的错觉，可下一秒他的身份即被拆穿——他并不是穿着白大褂的医生，而是除螨公司的工作人员，没车没房，薪水微薄，还常常被同事使唤，受尽委屈。

崔爱拉，长相甜美，声音动听，有着女主播的范儿，无奈却只是一个百货商场的服务前台，工作要忍气吞声，还得看上司脸色。

白雪熙，有着白雪公主一样的名字，梦想当一名贤妻良母，而现实却是一个整天出错、被上司教训的电话接线员。

金柱曼，西装革履，出入于餐厅之间，他的梦想是做一名出色的美食家，但实际却是电视导购节目的代理，忙忙碌碌，工资却不甚理想。

这四个年轻人，没有哪一个人活得容易，也没有哪一个人真正实现了自己的梦想，他们都即将迈入三十岁，却仍旧住在拥挤的出租房里，领着微薄的薪水，过着不好不坏的生活，未来好像一眼就能望到头。

这并不是他们所想要的生活，他们也不是没有尝试努力改变，可是现实那么残酷，生活绝不像电视剧那般轻而易举就能逆转人生。

02

崔爱拉在百货商场撞见了以前的女同学，女同学嫁给了一个年纪很大的有钱人，邀请爱拉参加她的婚礼，顺便炫耀一番。爱拉有自知之明，知道自己被比了下去，但依旧咬咬牙说"好的"。结果到了婚礼现场，女同学急着找她救场，让她顶替一位迟到的知名主持人，上台替她主持婚礼。

爱拉思考再三还是答应了，因为她从小到大一直都在做着女主播的梦想，她憧憬着能够闪闪发亮地站在舞台上，成为大家的焦点，被人羡慕和喜欢——然而这份闪亮仅仅持续了很短的时间，她的身份很快被人识破，那群男人还商量着调戏她，让她自取其辱。

爱拉在拿过麦克风上台主持后便一直对当主播的事念念不忘，因为她发现人真的只有做自己喜欢的事情才会快乐，为此她积极地争取百货商场临时主播的职位，然而那个职位被一个走后台的女生夺走了，她不得不退出竞争。

她继续回到前台工作，想安心做事却因为抓了一个 VIP 的女客人小偷而被责备，甚至被那个傲慢的女客人要求跪在地上向她赔礼道歉——按她过去的脾气，她肯定不会这样做，可是，她还是照做了。

这个社会是残酷而现实的，她需要这份工作，所以哪怕低声下气也要保住能给她工资的工作。

高东万看见了特别心疼，他拉着爱拉的手，狠狠地教训了那个客人，并让爱拉辞职，不再待在那个受尽委屈的地方。

爱拉哭着问东万为什么要多管闲事，如果他不冲出来她就可以选择沉默继续留在商场里。东万告诉她："我可以过不起眼的生活，但你不可以。"

你应该站在舞台上，拿着麦克风，做你喜欢的主播，变得闪闪发光，让人羡慕。你不该像现在活得那么卑微。

而更重要的是，东万爱她，虽然他没有说出来，但那种爱无需多言。

东万受到爱拉的启发，也开始重拾信心，开始自己的格斗之路，十年前他想赚钱给妹妹治疗，而不得不接受另一个选手的钱，选择假装倒地认输，无奈被人揭发，只能取消参赛资格，退出比赛。

那是他无法面对的一道坎，为此他前前后后花了好长时间才摆脱阴影，开始走向正式的格斗之路，尽管途中被旁人多次阻挠陷害，他依旧不屈不服，勇往直前。

而另一对情侣也过得并不顺心，柱曼努力工作只想多赚钱早日升职为科长，好买套房子和雪熙结婚，不料办公室新来的实习生艺珍一直纠缠他，多次让他动摇；前期的雪熙是一个软弱可欺的角色，她一而再再而三地退缩忍让，因为太过喜欢柱曼，只敢站在他身后，渐渐变成了和以前不一样的自己。

好在后来雪熙觉醒了，她意识到自己不能因为柱曼而丢掉自己，于是选择和他分手，开始好好爱自己，这时她才发现，生活并不是只有柱曼一个人，她自己也可以过得独立而美好……

03

他们的故事还有很多，这条三流之路还很漫长，他们遭遇挫折、失败和痛苦，被现实欺骗、打击、摧毁，但他们从未失去勇气，一直在路上坚持着，努力与生活战斗。

有很多现实的情节，都戳中了我的泪点，比如爱拉因为自己没有高学历而被面试官鄙视，比如爱拉因为别人托关系走后台得到主播职位，自己只能无奈退出，又比如高东万一直被有钱有地位的富家子弟欺负和陷害，自己却无力抗争……

看到东万他们，我就会情不自禁地想到自己，想到身边的朋友们，他们的故事好像也是我们的故事，因为他们经历过的失败与痛苦，我们也曾经历过。

这个社会或许要被迫分出很多个阶层，一流二流，都是少之又少，生活里的我们，大多数都是平凡而又普通的"三流"。

我们和高东万、崔爱拉他们一样，没钱没地位没背景，活得渺小而卑微，一直在默默努力着，却也一直在承受挫折与失败的打击。

毕竟生活不是鸡汤，不是你努力一下就能走上巅峰的，人生就是起起落落的。

这条三流之路，我们每个人走得都很艰辛困难，然而再苦再难，我们依旧要咬牙挺下去。

我们那么努力，也不过是想坚定我们的初心。

这个社会是现实的、残酷的，梦想在它面前真的十分渺小，可是那又怎样？

我依旧相信梦想，并选择坚持走下去，虽然我知道不是所有努力的人都会成功，很可能坚持的人也会被现实打击得遍体鳞伤。

可是那又怎样，我依旧不想放弃，因为"只有做自己喜欢的事情人才会高兴啊"，只有努力实现梦想，整个人才会变得闪闪发光啊。

04

朋友圈里经常传来不好的消息：他在北京混不下去了，决定回老家考公务员；她在公司里累死累活的工作，却还是被扣奖金，还挨了老板一通臭骂；他努力打拼了很久很久，却还是没能攒到大城市一套房的首付……

再想想自己的经历，生活如同坐过山车，起伏不定，还有着百般无奈，让人头疼又心塞。

有那么一些时刻，我们真的会感到很丧，失落又难过，觉得生活没有出路，但是一想到自己遥不可及的梦想，又会不顾一切地继续走下去。

正如《三流之路》里东万爱拉他们说的："青春就是用来闯祸的。""人生一定要有对策吗，不是也要尝尝不知道的滋味吗？"

我们不靠自己的硬气拼一把的话，又怎么会是现在的模样？

吃不上饭也得有点骨气，不管别人说什么，我们都要努力坚持做自己喜欢的事，毕竟，那些实现不了的才叫梦想。

哭过笑过，受过伤也绝望过，无论如何，平凡之路我们依然都依然有着一流的梦想，并在这条漫漫的三流之路上前行着，希望微茫，但仍是希望。

我 也 曾 在 深 夜 ，
一个人流着泪吃饭

01

日剧《四重奏》里有一幕场景我印象很深，卷真纪看着一边流着泪一边大口吃饭的世吹雀，有些释然地感叹道："哭着吃过饭的人，是能够走下去的。"

我当即被这这句台词戳中了，截下了图，然后发给朋友，和她感慨地说道："不知为什么我一看到这句话，就想到了过去的自己，突然间好想流泪。"

朋友回应道："我也是，想起来我刚来北京的第一晚，就是流着泪吃完了一碗牛肉拉面，不是因为面汤咸，而是我实在太想家了。"

这么聊着聊着，很多封存在我脑海里的记忆瞬间翻涌了出来，点点滴滴，皆让我难以忘怀。

02

高一那年，我离开了家，到离家很远的地方上学，每个月只能回一趟家。

虽然不是第一次出远门，可我身处一个完全陌生的地方，却还是会感到孤单和不安。

那时的我沉默寡言，内向木讷，身边没有一个熟悉的朋友，又不太会和同学聊天交流，所以总是踽踽独行，无论到哪儿都是一个人。

高一的一次放假，因为家人有事在忙不能赶来接我，我只能在学校留宿一晚。

那天同学们早早就坐车回家了，教室里空荡荡的，宿舍也是，同学都走光了，就只剩我一个人。

以前觉得宿舍里吵吵闹闹的，让人心烦意乱，而我面对着空荡荡的房间和空无一人的床铺，却倍感孤独。

为了打发时间，我看起了三毛的《撒哈拉的故事》，没想到我看书入了迷，不知不觉间我竟从下午五点一直看到了晚上八点半。

我急急忙忙拿着饭盒赶到食堂，可食堂却早已关门，我一个人失魂落魄地走在偌大的操场上，感觉自己的心一点一点地渗出泪，我难受得想要大声叫喊，但是自己身边却连一个可以倾诉的朋友都没有。

无奈之下，我走到学校的小卖部里买了一包方便面，打算晚上靠泡面充饥。

整幢宿舍楼都很安静，几乎听不到任何脚步声，我一个人坐在宿舍的椅子上，将滚烫的开水倒进盛着方便面的饭盒里，然后盖上饭盒盖，坐在一旁等待。

这时，我的肚子叫了起来，似乎在宣泄对我的不满。我实在是太饿了，三分钟还没到，便迫不及待地打开了饭盒，一瞬间，腾腾的热气迅速在周围散发，方便面还没有完全泡好，但也已经软了许多。

就这样我不管不顾地吃了起来。

平时我并不喜欢吃方便面，那是我上高中以来第一次在宿舍吃泡面，而且还是一个人。

到现在，我已经完全忘记了那包方便面是什么口味的，或许是红烧牛肉，又或许是葱烧排骨，我记不清了。

我只记得，那碗热腾腾的泡面并没有包装上看起来那么美味，它就只是一碗普普通通的面而已——没有牛肉，没有蔬菜，连一个简单的荷包蛋也没有。

比起家里美味可口的菜肴，它平淡极了，也逊色多了，但那个味道我永远难忘。

我一边吃着，一边想到了家，想到父母，同时还想到了月考自己那一塌糊涂的成绩，以及自己和同学间糟糕的人际关系，不知不觉间，眼泪簌簌落了下来。

可是，我实在太饿了，以致于我连眼泪都顾不上擦，含着泪大口大口地吃完了剩下的泡面。

那一晚，我睡得并不踏实，翻来覆去睡不着，我心里的惆怅如窗外的月光一般，清冷又绵长。

独处虽然冷清，但却能让人清楚地看到自己的处境——也是从那时起，我慢慢成长，不再依赖别人，也更加勇敢坚强了。

03

高三最后一个月，我成绩糟糕得全线崩溃，没有哪一门科目能够让老师家长满意，而我也渐渐对自己失去了信心和希望。

那一阵子，我父母像是有种我不可能考上好大学的预感，虽然对我仍是鼓励，但却不再提及之前他们为我定下的重点大学的目标了。

离高考还剩最后三天，我特地从学校赶回家复习，打算为高考做最后的准备。

家人依旧为我做了很多我喜欢的饭菜：酱闷排骨、红烧肉、番茄炒蛋和参鸡汤，他们一个劲儿地夹菜给我，目光却已不如之前那般热烈期待。

母亲以一种非常平静的语气对我："孩子，你多吃点肉。高考不用那么紧张，放宽心，我也不求你上什么重点大学了，你尽力就好。"

父亲也应和道："是啊，你尽力就好，尽力就好。"

他们的眼神有种难以掩饰的失望和无奈，他们早已不奢望我能在考出什么好成绩。

其实我更希望他们鼓励我，就算是责怪我最后一次全市统考为什么考砸了也好。

可是他们没有——他们像是面对一个被判定了结果、无法改变现实的人说了一句安慰的话：没关系，你尽力就好。

那顿晚餐丰盛而美味，可是我却如同嚼蜡，我囫囵吃了些饭，就以复习为由匆匆逃回了房间。

我想，他们一定是对我太失望了，已经在心底放弃我了。

大概也是被他们放弃后，我才开始意识到自己无论如何都要用尽全力去努力。

毕竟，我真的真的不想再让谁继续失望下去了。

那天晚上，我熬夜看书到凌晨三点，脑子被各种晦涩难懂的公式定理占据，整个人不仅困得眼睛干涩，连肚子也变得空空如也。

我实在饿得不行，只好蹑手蹑脚地走进厨房，偷偷拿了一袋面包片回房间。

只是蝉声四起的闷热夏日，哪怕到了深夜，依旧热得让人大汗淋漓。

我的房间里没有空调，我只好忍着热意，一边吃面包片，一边翻看整理好的错题集。

那时候，我对遥远的未来充满迷茫，更对即将来临的高考心生恐惧，一想到成绩单上自己惨不忍睹的成绩和父母那失望无奈的神情，我的眼眶渐渐湿了起来。

眼泪顺着眼角落在笔记本上，晕开了曾经的笔迹，一点一点的，我的视线慢慢模糊了。

我也忘了那晚自己是什么时候才睡着的，只知道第二天一大早就被父母的说话声吵醒了，睁开眼发现自己不是睡在床上，而是趴在书桌上。

直到高考最后一晚，我仍在拼命地看书复习，心想纵使失败，好歹也要输得漂亮一点。

我好像抓着一根稻草——哪怕那最后一根稻草漂浮在水面，我也要用力地抓紧它，就像抓住仅剩的希望。

七月份，高考成绩出来了，虽然依旧不太理想，但比起我最后一次统考的成绩高了几十分，总算让失望的父母脸上露出了一丝微笑。

曾经的失望最后变成了希望。

04

有年暑假，我一个人在南京找了份实习工作。

那份实习工作繁琐辛苦，工资却微薄，于是我只能住那种最简陋的出租房，没有空调和独卫，大夏天的还得和一大群人挤一个卫生间。

朋友曾经问我为什么要那么早实习，他们大都趁着那难得的假期去想去的地方旅行，做能让自己高兴的事情。

"那么热的天，你一个人住一定很寂寞吧？"去马尔代夫度假的森发微信问我。

一时间，我竟不知作何回应。

想起很久之前看高木直子的绘本《一个人上东京》，那会儿我对独居完全没有概念，也不知道一个人究竟要怎么生存下去，却莫名其妙地对那样的生活充满向往。

八月里的一天，南京的气温高达四十度，柏油马路像快融化一般，热气氤氲在整座城市上空，我整个人被滚滚的热浪和难闻的汗水包裹着，难受极了。

那晚我因为工作失误，被老板劈头盖脸地骂了一通，还不得不留下来加班，直到十点多才回到出租房。

这一次，我连泡面都没得吃，将电饭煲里剩下的米饭热了热，放上油盐搅拌几下，就狼吞虎咽起来。

我一边吃一边想，南京炎热的夏天究竟什么时候才能过去啊。

那碗油盐拌饭并不好吃，而我已经有好几个星期没有吃肉了。

我心酸难受，泪水瞬间流了下来，可我依旧饿着，只能一边流泪一边吃饭。

直到八月结束，我怀揣着微薄的工资离开了那个破旧的出租房。

05

日子被汗水打磨得越发光芒，走过艰难的时刻后，路也慢慢变得平坦宽阔了。

我没有再在深夜里吃过油盐拌饭，却清清楚楚地记得那种平淡苦涩的滋味。

后来我每当看到"不曾在深夜痛哭的人，不足以语人生"这句话，总是会笑笑，心想，我也是那种曾经在深夜中，一个人流着泪吃饭的人。

以前一直以为，凡事只要努力，便会得到想要的结果，但这么多年过来，我才发现自己错了。

生活从不会把你喜欢的美味佳肴摆在你面前，很多时候，你的选择就只有那些平淡无味的泡面、面包和拌饭。

但是，你不能因为它们难吃就拒绝下咽，你要把痛苦和绝望咀嚼成糖，用汗水为它们加上厚重的调料，哪怕是一个人在深夜，流着泪也要把饭吃下去。

将所有失望惆怅留在昨天，不管昨夜经历了怎样的泣不成声，早晨醒来，这个城市依旧车水马龙，而自己依旧要继续走下去。

只 要 坚 持 走 下 去，
前方一定会有出路

01

刚来南京的时候，我曾经迷过几次路。

那时的我还是一个分不清东南西北的路痴，不会看地图和找方位，也不会找公交车和地铁站。

那天临近晚上九点半，公交车寥寥无几，最晚的一班公交车貌似也已经开走了，我一个人走在行人稀少的大街上，被冷风吹得心都有些凉了。

那条街算是郊区，特别偏僻，一路上还有很多地方正在施工，围着一大片区域，显得冷清又荒凉，而过往的车辆开得格外匆忙，丝毫没有停下的意思。

我在原地等了很久，依旧没等到出租车，手机因为电量过低自动关机，整个人束手无策，一度处于崩溃的边缘。

我心里郁闷极了，一遍又一遍地抱怨，数落自己为什么要在大晚上出来，偏偏还忘记给手机充电，在这个人生地不熟的地方，有谁能帮我，我怎么才能找到回去的路？

在街灯的映照下，我整张脸都堆满无奈和憋屈。我来来回回地徘徊，尝试走了几里路，无奈的是依旧没找到回去的路，也没遇见一辆肯停下的出租车。

真的快要绝望的时候，我遇到了一个拎着篮子路过的老人家，我几乎像是抓住救命稻草一般，急切地询问那位老人怎样才能走到附近的地铁站。

还好那位老人是当地的居民，人很和善，并且还非常热心地为我指了路，我按照老人的指示很顺利地找到了地铁站，终于在十点半前乘到了最后一班地铁回去。

02

这件小事虽然过去了很久，但依旧记忆犹新，我想我永远也没办法忘掉自己处于困境时的那种无奈和绝望吧。

感觉前路一片黑暗，而自己没有一点方向，连路在哪里都不清楚，只能一边叹息，一边摸索，只能怨天尤人，无奈惆怅。

这样的心情有过很多次，这样让人绝望的事情我也经历过不少，那种难受绝望的感觉就像是一个人站在一片苍茫大地上，身边没有亲人朋友，没有指南针，也没有启明星，有的只是包裹全身的黑暗。

对于所处的困境，我无能为力，只能唉声叹气。

再将时间轴拨到再前一点儿，中学时代的我也面临那样的处境。那会儿的我非常迷茫，极度不自信，在学校最好的重点班里默默无闻地学习着，就好像漂浮在大海中，敏感脆弱，无依无靠，对于遥远的未来完全没有方向。

我是害怕高考的，更害怕面对高考之后自己要走向的未来。

我总觉得自己不够优秀，不够出色，做什么都只是平平，未来和前方黯淡无光，眼前根本就没有一条清晰可辨的道路让我选择。

我以为我的人生就只能那样了，就像高考成绩一样，不好不坏，未来也只能得过且过了。

我没有看到哪一条光明闪闪的道路，只是凭借自己的直觉选择了一条还算可以的路。

顺着那条选择的路，我走了下去，途中坎坷不平，荆棘丛生。我跌跌撞撞，走走停停，但我没有退缩，也没有回头，而是坚持走了下去，最后我终于找到了出路，也看见了自己期待的光芒。

一切都过来了，好的与坏的，高兴的与失落的，美好的与糟糕的，一切都过来了，过去都不那么重要了。

我一直以为前方没有路，但一路走过来才发现，只要脚下能碰到地面的地方，都是路。

03

长大后，你会遇到各种各样的问题和困难，你会面临越来越大的压力，不得不承担责任，面对升学、工作、升职、买房、结婚、生子等一系列人生难题，或许你也会感到迷茫焦虑，忐忑不安，不知未来会在何方。

但请你相信，人生路漫漫，你从来不会无路可走，你缺少的不过是一直走下去的决心和勇气罢了。

要知道，如果你一直待在原地不动，那么你一定不会迷路，也一定不会找到出路，你就只能那样碌碌无为一辈子。

"这世上本没有路，只是走的人多了，也便成了路。"

你啊，要勇敢些，大胆地往前走，不要担心迷路，也别害怕远方，未来如何都是未知的，但至少我们都已出发在路上，不断前行，不停努力，一步一步成为更好的自己。

迷过那么几次路，走过曲曲折折的弯路，总有一天，你也会和我一样找到那条属于自己的路，看到自己期待已久的光芒。

别轻易放弃，也别停滞不前，中途放弃。

相信我，勇敢地走下去吧，哪怕现在山重水复疑无路，但只要你走下去，迟早会迎来"柳暗花明又一村"的那一天。

即 使 活 的 艰 难 匆 忙，
也要抬头看看天空

01

有天晚上，我忙到十点多才匆匆坐地铁回家。这座城市哪怕到了夜晚，依旧车水马龙，霓虹闪烁，尽显繁华，可当我走在熙熙攘攘的人群中，却感受不到这座城市的心跳，它被钢筋水泥搭建的高楼大厦包裹得严严实实，有时甚至会让人压抑得喘不过气。

下了地铁，我像往常一样心不在焉地走在路上，因为长时间没有休息，我倍感疲惫，连话都不想多说。

因为早上下了一场雨，所以路面不免有些潮湿光滑，我为了避免滑倒，不得不低头看着脚下的路，走着走着，我无意中发现街边的草地上冒出了许多嫩绿的新芽，各色的花蕾也竞相开放，姹紫嫣红，清香弥漫，好不烂漫。

我不由得停下了脚步，蹲下身子凑近那些可爱迷人的小花小草，蒲公英、三叶草、角堇、苍耳，还有好多我叫不出名字的野草野花，它们顽强地生长在那片草地上，有风拂来，它们随风摇曳，清香四溢，弥漫在空气里，有种好闻的味道。

那一刻，我看着那些生机勃勃、烂漫迷人的野花野草，闻着空气中带着淡淡泥土气息的芳香，感觉心旷神怡，整个人瞬间清醒了许多，疲惫感也慢慢消失了。

我驻足许久，离开的时候内心畅快，不禁微笑起来，走在近郊的路上，空气比城区好了许多，我抬起头，还意外地看到了一片灿烂的星空。

或许是白日下了雨的缘故，那晚的夜空像是被清水洗过一般，澄澈而明朗，平日里看不见的星点这时显现了，数不清的繁星闪烁着光芒，将夜空装点成了一副精致耀眼的画布。

真是美不胜收，我抬头看了很久很久，微笑像游动的鱼从心底浮到了我的脸上。

因为那片耀眼灿烂的星空，我心中的苦闷压抑得已消解，浑身感到莫名的舒服和畅快。

02

那晚的草地和星空从此打开了我城市生活的另一扇大门，和往常繁琐枯燥的日子不同，我发现了城市的另一面和大自然的美，它让我心境趋于平和澄澈，得到了舒畅和安然。

从那以后，无论生活多么匆忙，我都会时不时低头看看脚下的地面，抬头看看头顶的天空。

春分时，我在近郊的土地上看到了"草色遥看近却无"的青草，也看到了淡粉浅白的樱花烂漫盛开的景色，再到谷雨，我站在茂盛清凉的梧桐树下，看到了青翠欲滴的野草生长在路边，郁郁葱葱，醒目耀眼。

一直以来，我都过着一种快节奏的都市生活，为了赶早班的公交地铁，我步履匆匆，总是无心留意身边的风景，从而忽视了脚下的土地和头顶的星空。我总是感到压抑和烦躁，却不曾发现在钢筋水泥建造的城市里，依旧有着清新迷人的自然景色。

那一草一木一花，不过都是寻常之物，但也正因为寻常，它们才如此不凡。

每当我疲惫不堪时，看到那墙角的野花和路边的青草，内心都会畅然明朗起来，微笑不禁浮于脸上。

虽然处于忙碌繁复的城市，但我的心因此得已放松，感受到自然非凡的力量。

03

想起童年时期，每年暑假我都要到乡下外婆家居住，那里的生活与城市相比，更简单也更纯粹。

我与青山作伴，与草地为邻，早晨看日出，中午游水库，夜晚在外婆的蒲扇下看满天闪耀的繁星，偶尔还会到榕树下追逐闪光的萤火虫，在雨后悠然地漫步在乡间小路……

那样质朴清新的生活，是我长大后居住在偌大城市里一直怀念的，然而那样美好的时光已经离我远去，随着岁月变迁，我渐渐迷失在城市的钢筋水泥和闪烁霓虹里。

生活疲惫不堪，日子艰辛难捱，曾经我有无数次想逃离城市，因为我觉得这里匆忙压抑，生活节奏过快，日子枯燥乏味，我找不到一个能让我内心平和的出口。

而现在，我不再被这样的生活囚禁，也不再内心空虚落寞，哪怕身处复杂繁华的都市，哪怕生活匆忙疲惫，我都不忘低头看看脚下的土地，抬头看看遥远的天空。

城市并不总让人失望，它也有自然美好的一面。春花，夏荷，秋叶，冬雪，一年四季风景不同，只要处处留心，就能收获满眼的美景。

04

其实，并不是一定要离开城市，才能回归自然，才能使自己的心境变得澄澈明朗，只要你用心留意，生活处处是值得你驻足停留的风景。

在你赶去上班的路上，你时不时低下头就会发现：路边的小草黄了又青，年复一年；草地上的花蕾开得烂漫，清香弥漫；梧桐树下，金色的落叶铺成地毯；你抬头也能看到风景：夏日湛蓝澄澈的天空，雨后一碧如洗的晴空，夜晚繁星闪烁的星空……

生活并不缺少美，正如城市并不缺乏风景。你之所以看不到那些自然的风景，是因为你过于匆忙，疲于生活，而忘了停下脚步，低头看看脚下的花草，抬头仰望遥远的天空。

你内心烦躁不安，不是因为生活在城市，过着匆忙的生活，而是因为你内心没有真正的宁静与从容。

吃 得 了 苦 扛 得 住 压,
世界才是你的

陶潜有诗云:结庐在人境,而无车马喧。问君何能尔,心远地自偏。

如他所说,哪怕是居于喧嚣闹市,只要内心淡然宁静,那么不管住在什么地方都是宁静的。

宁静在心,心不动,外边的世界就不会动,外界的喧嚣繁复就不会轻易地打扰到你。

我们在城市生活得疲惫、迷茫与焦虑,是因为我们忽视了自己的内心,丢弃了曾经盘踞在心里的那一份简单、纯粹与宁静,我们太过浮躁,从而看不见脚下的土地和头顶的天空。

那么,不妨慢一些吧,适当地放慢自己的脚步,暂时停下来看看眼前的风景,别让这过于匆忙快速的生活侵蚀你内心的安定宁静,即使活得再匆忙再疲惫,你也要停下来看看大地和天空,它们会让你感受到自然的美和力量,让你得到片刻简单纯粹的宁静。

我带着这样的心境生活在喧嚣繁复的城市里,虽然活得匆忙,却依旧会为脚下那郁郁葱葱的青草和头上那片遥远迷人的星空感动,那日我在回家途中看到了一次绚烂的落日与晚霞,我着实感受到了它们的美好,也为此得到了片刻的平静。

后　序

给未来的自己

亲爱的夏至：

　　展信佳。

　　这是年轻的我写给很久很久以后的你的一封信，希望你看到这封信时，不要太过惊讶，也不会觉得莫名其妙。

　　不知道未来的你会是什么样子。你的身边还有那一群曾经和你嬉戏打闹的朋友吗？你是否已经找到了可以相伴余生的真爱？你成熟了稳重了也老了，你还会记得遥远过去的自己吗？

　　未来的你会记得曾经的我有过许许多多对未来的设想吗？虽然，有些看起来真的遥不可及。

　　我希望自己活到三十多岁时，可以过上自己喜欢的日子，不用看别人脸色生活，不用委屈和勉强自己，也不用辛辛苦苦地为了赚钱累死累活。

　　我希望那时候的自己，有一笔可以养活家人的积蓄，可以随心所欲地在假期来一场说走就走的旅行，去东京，去巴黎，去比利时，去马尔代夫，去巴塞罗那，去任何一个我想抵达的地方。

　　我期待着在远方看到曾经渴望看到的风景，而陪在我身边的，是我一直渴望留住的亲爱的人。

　　我还想着以后能在一个静僻的地方开一家书店，装潢文艺而复古，大方又不失优雅，光看着就能让人赏心悦目。最好里面能同时提供热咖啡与点心，可以让人安安静静地坐下来看一个下午的书。

　　书店里要有许多外文书，英语、德语、日语、法语、西班牙语，应有尽有。书架上还要有我喜欢的小说、杂志和漫画，当然，浩瀚书海里，肯定少不了属于我自己创作的书籍。

　　曾经和朋友聊起这个想法，他当场便笑话我不现实。

　　是的，听起来的确不太靠谱，这个梦想对我来说甚至是遥不可及的。可是，还是要有梦，即使遥远，我想想也会觉得温暖而明亮。

　　等以后的你回过头时，说不定你会特别感激我，因为如果有一天这个不切实际的梦想实现了，那将会是无比激动人心，又充满惊喜的。

　　在未来未来前，我会一直努力，不断向上，持续前进，无论青春是否逝去，都保持年轻而乐观的心态，以自己喜欢的方式去过生活，将每一天都过得充实而又意义，而不是将一年重复过成一天。

希望未来的你回想起过去，不会后悔，也不留遗憾，并且可以自豪而骄傲地说：十七岁时的愿望，我终于实现了，真是非常非常了不起呢。

十七岁那年的我，渴望做一个厉害的，了不起的，被人喜欢的，善良的人。

但是现在，我只希望做到最后两点就好了。

未来的你不厉害，不了不起，也没关系，只要你是一个善良的，同时被人喜欢的人，我就已经可以谢天谢地了。

你真的会成为那样的人吗？

我的心里总是时不时在问自己，那个回答的声音弥漫在心里。

虽然微弱，但却无比坚定：会的，你一定会成为那样一个被人喜欢又善良的人。

如果长大后的某天，你会像彼得潘那样失去飞翔的能力，但请你一定不要忘记，你曾经年轻过，你有过遥不可及的梦想，有过五彩斑斓的愿望，有过疯狂偏执的追求。

你曾是自在如风的少年。

我对"十七"是有执念的，不是对十七岁情有独钟，而是那时的岁月那时的自己实在太难忘。既糟糕又美好，固执得不被理解，又倔强得与全世界为敌——十七岁的自己，拥有着你超乎想象的勇气。

我真想永远都是十七岁啊。但是我知道，没有人能够永远保持十七岁。

不过，我相信即使多年之后的你，依旧不会忘记那个曾经十七岁的自己，不会忘记那个偏执幼稚又疯狂的少年。

他不是最好的人，却是最真实的你。

未来的路不好走，可能坎坎坷坷，荆棘遍布，但我相信你有勇气和信心一起走完。

如果你实在感觉自己走不下去了，就唱唱你喜欢的五月天的歌，他们会给你前进的力量。

"你当时相信的 那些事情

会在如今 变成美丽风景

每当我迟疑 从不曾忘记

活在我心深处 那顽固的自己……"

希望在未来的某一天，你看到这封信，你会激动得热泪盈眶，你会想起曾经发生的点点滴滴，你会哭着笑出来，你会把那些梦和愿望写进书里，你会对着自己说："喏，不管过去多久，我都一样年轻，一样自由，一样勇敢，我都一直是当年那个十七岁永不低头的少年。是我要握住一个最美的梦，给未来的自己。不管怎样，怎样都会受伤，伤了又怎样，至少我很坚强我很坦荡。未来的你会懂我的疯狂。"

这是过去的我写给未来依旧十七岁的你的信，也是我和你一起许下的约定。

未来见。

——年轻的夏至

2018.10.1

余生很长，
你别慌张无措

吃 得 了 苦 扛 得 住 压，

世界才是你的

亲爱的你：

见字如晤。

不知道你那里现在是什么时刻？

或许你那里正是蝉鸣喧嚣的夏夜，你经历了无数次模拟考试，成绩却不太理想，于是被同学无视，被父母责备，被老师批评。

你也想不通为什么自己努力了很久，进步却非常缓慢。

这个时候，你正在教室里晚自习，争分夺秒做题背书。

拼命学习已成为你三点一线生活的常态，为此你停止了诉苦与抱怨，攥着那些布满红叉的试卷，在做完错题集后又迅速做起了数理化真题。头顶的电风扇无力转动着，你一边擦拭头上的汗，一边孜孜不倦地复习。

对于那个遥远的未来，你忐忑又期待。

或许你那里正是天渐渐亮起的清晨。

你昨晚熬夜加班到凌晨，只睡了几个小时，却还是得早早起来。

你忍着困意，匆匆买了油条豆浆就挤上了上班高峰期的公交车，在拥挤不堪的空间里你一边护住公文包，一边眯着眼打着哈欠。

每当师傅停站时，你都会瞥一眼窗外，看到那些与你一样行色匆忙的上班族时，你习以为常，并感到一股莫名的踏实。

　　到公司时，你泡了一杯特浓咖啡，看到远方的天空已布满灿烂的晨曦。

　　或许你那边是炙热难耐的午后。

　　你在吃完外卖后就得马不停蹄地工作，一刻也没闲着。

　　你总是非常忙碌，连休息喘气的时间都没有。客户要求多，上司催得紧，你不停地搞调研、写方案、做策划、开大会，但得到的回应却总是一句句直接冷淡的话语："不行""再改改""重做吧"……

　　你心烦意乱，却又不得不点头说好。

　　你沉默地回到座位上，对着窗外蔫蔫的大树一声叹息，继续整理资料，再一次对着电脑埋头苦干。

　　生活中总有那么多的不如意。

　　这个世界没你想得那么好，但也没你想得那么糟。

　　此刻，或许你正为了升学问题而苦恼头疼；或许你正忍受着暗恋一个人的相思之苦；或许你正纠结未来到底是该考研还是工作；或许你刚失恋不久，心碎得像失去了全世界；或许你正熬夜加班，身心俱疲，却不得不为了生活奔波忙碌；或许你已肩负起人生的重担，正被家人催促着买房买车，结婚生子……

我想，你一定也有过这样孤独难受，难捱心酸的时刻吧。

其实，你我都一样，都曾在年轻时满怀热血与希望，却在与现实的碰撞中遭遇挫折、打击与失败；你我都曾壮志凌云，相信付出就会有回报，却在与世界的交手中渐渐明白，努力不一定能成功，梦想也不是随随便便就能实现的。

我们都曾感到委屈、难过、迷茫、焦虑、惆怅与失落，都曾经历过一段又一段黯淡无光的凄惨日子，都曾在深夜里躲在被窝里一个人悄悄流泪。直到独自走过那些难捱的路口，我们才开始成长起来，懂得人情世故，学会淡定从容，笑对一切困难风波。

当你感觉自己快要撑不下去的时候，就给自己打打气。别害怕前路茫茫，如果你想继续走下去，就必须接受人生所有的挑战，不轻易向生活妥协投降。

当你在人群里感到孤独的时候，就抱一抱还在努力的自己。你要明白，这世界上没有所谓的感同身受，每个人都在踽踽独行，你要学会忍耐，变得坚强起来。

当你因为感情的事担忧难过时，就尝试着排解寂寞，调整情绪。单身的你不必着急，总会有对的人穿越人群走向你；失恋的你不必沉溺于过去，结束亦是新的开始，你终将在未来拥有自己的软肋与盔甲。

难过委屈的时候，你可以肆无忌惮地哭泣，但你在哭过之后，要继续前进，努力解决问题，走出困境。毕竟，哭喊解决不了任何问题，脆弱和泪水无法让生活好转，而生活从不会对任何人网开一面。

或许你此刻觉得前路茫茫，看不到任何希望，感觉举步维艰。但你得明白，不止你一个人如此，大家都要经历一段灰暗惨淡的日子，我们都要一个人，走过一段漫长曲折的道路。

等到我们撑过那些难捱的日子，就会看到自己身上的蜕变，终有一天，你也会成长为一个勇敢坚定、成熟从容的大人。

在那之前，请你脚踏实地，认真地努力，乐观向上，持续前进，将每一个日子都过成节日。毕竟，吃得了苦，扛得住压，这个迷人又闪耀的世界才会是你的。

愿你有软肋，也有盔甲，有愿意呵护的玫瑰，也有一直守护你的英雄。

愿你能够坚持努力，也能全力以赴地快乐。在未来的日子里，有人懂你的言外之意与欲言又止，有人爱你、疼你、陪你度过漫长的岁月。

愿你能和过去的自己和解，将孤独变成温暖。见识过这个世界的现实与残酷后，便投入到它迷人而宽广的怀抱中。

愿你历尽千帆，依旧如少年一般勇敢无畏，坦荡平和。既温柔又坚强，对世界永远怀抱着满腔的热爱。

愿你渴望得到的，最终都能拥有，无法拥有的，最终都能释怀。

请你相信，一切到最后，都会是皆大欢喜的圆满结局。如果不是，那只能说明你还没有走到最后。

余生很长，别慌张无措。

毕竟，你还有长长的一生，可以度过。

最后，祝你我万事胜意。

一直陪伴你的夏与至